U0184134

# 复杂网络视域下的软件
# 度量及进化

张浩华　著

科学出版社

北　京

# 内 容 简 介

本书针对大型软件的规模和复杂性所带来的度量和质量控制问题,分析传统度量方法在大型软件应用上的不足,从复杂网络这一新的视域来观察评价软件系统。全书内容分为 5 个部分,共 11 章。其中,第 1 部分主要介绍软件的复杂性和复杂网络的研究背景及现状,包括第 1 章和第 2 章;第 2 部分主要介绍软件静态结构模型,对大量优秀开源软件特征进行分析,包括第 3 章和第 4 章;第 3 部分通过对软件的核结构、结点重要性进行评估,对双重度和邻聚系数进行研究,揭示了软件网络的各种特性,进而提出一个基于复杂网络的新的测度体系,包括第 5~8 章;第 4 部分探讨软件进化中的特征变化和软件生态系统,包括第 9 章和第 10 章;第 5 部分即第11 章,对今后的研究工作进行了展望。

本书可供从事软件研究的科技人员阅读,也可作为计算机软件与理论专业的研究生教材或参考书。

**图书在版编目(CIP)数据**

复杂网络视域下的软件度量及进化/张浩华著. —北京:科学出版社,2020.6
ISBN 978-7-03-062896-1

Ⅰ. ①复⋯ Ⅱ. ①张⋯ Ⅲ. ①软件质量—质量管理—研究
Ⅳ. ①TP311.5

中国版本图书馆 CIP 数据核字(2019)第 251001 号

责任编辑:宋 丽 吴超莉 / 责任校对:陶丽荣
责任印制:吕春珉 / 封面设计:东方人华平面设计部

**科学出版社** 出版
北京东黄城根北街 16 号
邮政编码:100717
http://www.sciencep.com

**北京中科印刷有限公司** 印刷
科学出版社发行 各地新华书店经销
*
2020 年 6 月第 一 版 开本:B5(720×1000)
2020 年 6 月第一次印刷 印张:12 1/4 插页:5
字数:261 000

定价:89.00 元

# 前　　言

　　软件是当今人们解决现实复杂问题的有效工具，随着问题域的深入和扩展，软件的规模和复杂度与日俱增，开发的风险逐渐加大，而软件产品质量又没有像工业产品那样严格的评价标准，因而难以得到有效控制和根本保障。传统软件工程理论在大规模软件的开发、评价、维护等方面表现出极大的局限性，正在接近其复杂性的极限。因此，如何理解和量化软件日益增长的复杂性，构建适应维护的良好架构，合理评价软件系统是软件度量学要解决的关键问题，也是软件工程面临的一个极大的挑战。

　　软件系统是由大量的底层元素及它们之间错综复杂的交互关系构成的一种复杂系统，其结构蕴含着软件所有的拓扑信息并呈现网络化的表征，软件的结构决定着其功能和质量。传统的软件工程设计方法通常过分关注软件底层的局部结构特征，而忽略了更为重要的反映整体特性的全局结构，使开发人员难以把握大规模软件系统的设计、使用和研究，导致他们对整个软件科学和工程的基本结构和本质特征缺乏清晰的宏观认识，而这又妨碍了他们理解、复用已有系统进行新的高效、高质量开发。近年来，研究人员发现，软件的内部结构表现出明显的复杂网络特征，因此利用复杂系统和软件工程的学科交叉研究，从复杂网络和复杂系统的视域来重新审视软件系统，将其抽象为人工复杂网络进行研究，采用与传统"还原论"相反的"本体论"的思想对其加以描述及特征分析，从整体上探索软件结构的复杂性本质、进化规律和行为特征并给出量化评价，从而形成一种新的软件网络观来指导大规模软件系统设计。这种新的软件网络观突破了软件的传统思维方式，有助于从源头控制和提高软件质量，确保软件性能，降低维护成本。

　　另外，现存的软件分析度量方法在大型软件评价、质量控制等方面也存在诸多局限性。本书用全新的理论对系统结构和结构进化进行再认识，并提出一种新的软件分析度量方法，力求从本质上理解和改善软件系统的内在结构，客观评价软件可靠性。这有助于从源头控制软件设计中的混乱及错误，在提高软件可信性、复用性、判定软件质量优劣、探究降低软件成本等方面有重要研究价值和应用前景。本书可对软件开发和维护提供指导，进而为以度量为基础客观评价软件可靠性提供一种新思路。本书研究通过结构演化分析，在降低软件成本、增强复用性等各方面进行了新的探索，从而在提高大型软件可信性、判定质量优劣等方面有重要研究价值和应用前景。

　　全书的撰写和审定工作由沈阳师范大学张浩华主持完成。在本书出版之际，作者由衷感谢恩师——东北大学赵海教授的诸多教诲和辛勤指导,感谢项目团队成员蔡巍博士、李辉博士、刘铮博士在本书的参考资料、选题、撰写上给予的诸多帮助。感谢刘红硕士、卢锁硕士、郑艳琴硕士、于双硕士、周峰硕士对数据进行的大量基础性工作。感谢作者的研究生沈阳师范大学的赵小姝和佟佳琪,她们对本书的形成和出版做出了很大贡献。感谢作者的父母、岳父母、妻子以及儿女,感谢他们对作者长期、连续和忙碌的科研工作的充分理解和大力支持。感谢所有关心和支持作者的同仁。

　　本书是作者在国家自然科学基金项目"基于软件网络的可信性度量体系研究及其分析工具的实现"(项目编号:60973022)前期研究的基础上,在沈阳师范大学主持辽宁省教育厅高等学校科学研究项目"复杂网络视域下的大型软件静态结构度量及进行分析"(项目编号:L2013418)和辽宁省科技厅博士启动基金项目"基于复杂网络的大规模软件拓扑结构度量及演化研究"(项目编号:20141091)过程中长期从事软件网络研究成果积累的基础上撰写的。由于复杂系统和软件工程的学科交叉研究是一个新的研究方向,新的理论实践伴随着新的问题层出不穷,加上作者的学识有限,书中难免存在不足之处,敬请各位读者批评指正。

作　者

2019 年 10 月

# 目　　录

# 第1章 绪 论

计算机软件是当今世界的重要工具，信息技术的发展使软件越来越多地深入社会生活的各个角落，追求高质量的软件无论是过去、现在还是将来都是软件开发者的重中之重，而如何更有效、更快捷地开发高质量的软件也始终是软件界孜孜以求的目标。众所周知，软件开发是逻辑性很强的脑力活动，其产品质量并没有像工业产品那样有严格的评价标准，因而难以得到有效控制和根本保障[1]。多年来，尽管经历了面向过程、面向对象、面向构件、面向领域等阶段，软件工程理论在许多实际项目开发中得到了成功应用，但随着软件系统的规模和复杂度与日俱增，应用环境日益复杂，软件开发的风险和软件质量越来越难以得到有效控制，传统软件工程的方法正在接近其应用的极限，"软件危机"仍然是当前软件工程迫切需要解决的热点问题。

系统结构的再认识、有效的分析评价手段已成为决定现代大规模软件设计开发成功与否的关键因素。作为一种人工的复杂系统，软件结构蕴含着软件所有的拓扑信息并呈现网络化的特征，因此本书从复杂网络这一新的视域来观察评价软件系统，采用与传统"还原论"相反的"本体论"的思想对其加以描述及特征分析，从而形成一种新的软件分析度量方法。该软件分析度量方法可以为客观评价、改进系统提供量化依据，可能发现众多以前尚未揭露的软件特性，深化了对软件特性和进化的认知，从而更好地衔接设计、开发、度量、复杂性控制和可靠性评估过程，在探究降低软件成本、延长软件生命周期等各方面进行了新的尝试，为以度量为基础客观评价软件可靠性提供了一种新的思路。

## 1.1 软件质量的桎梏

### 1.1.1 软件的复杂性

多年来，硬件性能的极大提高、计算机体系结构的深远变化、网络的大规模应用等使计算机软件经历了很大的变化，构造更高级、更复杂软件系统的可行性进一步提高。人们也依靠这些大规模软件来处理现实中难以解决的复杂问题。当一个大规模软件系统成功时，这种高级性和复杂性能够产生很好的效果，但是，这些系统的复杂性却给构建它们的软件开发人员带来了极大的困扰。另据美国政府下属研究机构——国家标准局（National Institute of Standards and Technology，

NIST）的数据显示，美国经济因软件错误每年损失高达 595 亿美元[2]。因此，开发具有正确性、可用性及开销合宜的高质量软件产品成为软件开发人员和研究人员的共同目标[3]。

在大型软件系统中，软件并不是中小规模软件的简单"放大"版本，系统各组成部分及它们间的交互关系构成了系统的网状结构，如何合理准确地展现这种结构并且度量结构的复杂性至今仍没有合适的理论和方法。大型软件中的小错误扩散效应，对尺寸软件复杂性本质的认识缺乏，度量、评价的局限等已成为制约设计者理解系统、控制复杂性、提高软件质量和延长生命周期的主要因素，而随之带来的设计者主体设计、低效的测试、高额的开发维护成本等问题又对现有软件工程理论提出新的挑战。

开始越早，耗时越长[4]，软件开发往往从开始的有序状态最终陷入无序的混沌状态。其根源在于对软件复杂性的本质缺乏认识。软件开发过程中内部各成分逐渐形成了一个相互缠结的联系网络，成分的细微变化会使联系很快变得模糊并急剧扩散，导致传统软件理论难以有效处理，表现出种种局限性："还原论"的设计思想、分解-整合的方式，以几乎损失了所有局部信息和非线性特征信息的代价来实现系统功能的构造；设计者的专业知识及经验成为软件设计主体，设计的可靠性取决于设计者对系统的主观认知水平；度量方法难以实用，缺乏合理评价；对结构本征缺乏理解，难以组织有效测试，导致大型软件成本呈指数级增长等。这可能就是软件越来越难以改动、维护、进化的原因，开发最终对软件进化失去控制，出现"熵死亡"的状态[4]。

软件的复杂性来源于多个方面：计算机硬件的复杂性；软件需求的复杂性；人对现实事物的认知与其被计算机认知的方式根本不同所造成的翻译过程的复杂性；人在构建软件过程中认知与组织的复杂性等。在这些复杂因素的作用下，复杂性已经成为软件的基本属性。软件的复杂性会导致分析、理解、设计、测试和修改软件变得很困难，并且这种复杂性会随着时间的推移与日俱增，进而影响软件过程的管理和软件的维护。同时，软件开发项目实践也表明：软件的复杂性和可变性是导致软件错误的主要因素，极大地影响了软件产品的质量[5-7]。因此，如何认识、度量、管理、控制乃至降低软件复杂性，是软件工程面临的挑战性问题。解决"软件危机"的关键是解决软件固有的复杂性问题[8]。

### 1.1.2　软件度量和进化的新挑战

没有一种单纯的技术进步，能够独立地承诺在 10 年内大幅度地提高软件的生产率、可靠性和简洁性[4]，从 OOB（out of band，带外数据）到 SOA（service-oriented architecture，面向服务的架构），虽然软件技术的发展带来了更高的效率，但很难从根本解决"软件危机"。软件开发人员思维上的主观局限性和软件系统的客观复杂性决定了开发过程中出现软件缺陷是不可避免的。为了保证软件质量，必须对软件进行有效的度量和预测。可度量是软件的基本属性，软件度量是对软件静态特性和动态行为理解程度的描述，度量有助于了解软件系统的面貌，控制软件系统的复杂性，做出有助于提高软件质量的分析和改进建议。

从早期的适应面向结构设计的度量到当前适应面向对象设计的度量，出现了许多度量方法。它们可分为 4 类：基于规模的度量，如 LOC（lines of code，代码行）和 Halstead 软件科学[9,10]；基于控制流图的度量，如 McCabe 方法[11]、Harrision 方法[11]；基于数据流的度量，如 Weiser 方法[12]；基于面向对象的度量，如 C&K（Chidamber and Kemerer）方法[13]、MOOD（Metrics for object-oriented design，面向对象设计的度量）方法[14]。尽管当前在软件度量领域内做了大量的研究工作，但仍然存在许多尚未解决的问题：现有的度量方法多数以模块级度量为主，只度量系统的某一部分外部属性，通过分解整合的方式往往难以从整体上评价系统的质量；目前的研究还是度量体系的第三层，即度量元的研究，如何在该基础上建立软件度量体系，需要运用统计学知识与神经元网络研究成果[15]；多数度量方法计算复杂，难以有效结合设计进行开发和实践应用。目前，软件规模的扩大和复杂性的提高对软件度量提出新的要求，因此，寻求一种能真实反映系统结构、具有较高普适性和易用性的软件度量体系成为当前软件度量及软件开发领域的热点问题。

Lehman 和 Ram 认为，现实世界的系统要么变得越来越没有价值，要么进行持续不断的进化变化以适应环境的变化[16]。软件是对现实世界中问题空间和解空间的具体描述，是客观事物的一种反映，现实世界的不断进化说明进化是软件的基本属性。软件进化是软件产品交付给客户之后所发生的一系列改进活动，是有目的地从早期版本来产生新版本的过程，是软件工程中的一个重要领域。进化过程中要受到各方面不断变化的驱动（如客户要求的改变及外部环境的改变等），要使一个稍具规模的软件能够实现一次性的完全开发，每个软件系统在投入使用后都要不断地改进和完善，这些变化使软件开发者对软件结构变化的控制变得异常复杂起来[17]。对许多软件的一系列调查表明，软件进化和维护的费用占到整个软件生命周期总费用的 40%～90%[18]。

在现代软件生命周期里，随着软件系统的不断进化，软件复杂性不断提高，系统各组成部分的协同工作日趋复杂，处理问题的难度呈几何式增长。很多软件项目或者由于最初设计结构的不合理，或者由于版本进化过程中累积问题的增多，最终在软件结构复杂性得不到有效控制的情况下崩溃，软件的生命最终走向死亡[19]。因此，现有的软件开发大环境要求软件系统具有较强的进化能力，结构能适应快速频繁的改变，从而减少软件维护的成本。目前，国内外对软件进化的研究工作较少，很少把软件进化的思想融入传统的软件开发过程中。早期的研究在很大程度上不被计算机科学和软件工程组织重视，1993 年提出的 FEAST（feedback, evolution and software technology，反馈、进化和软件技术）假设是以前研究的一个总体反映。该假设认为全球的 E 类型软件系统的进化过程是一个自我稳定的系统，一个复杂的多循环、多层次、多代理的反馈系统[20]。学者和软件开发者基于 FEAST 假设开展工程研究，研究软件系统的进化和软件过程的改进中反馈的作用及影响。现在，软件进化已经成为软件工程研究的热点之一。

# 1.2　软件的网络观

## 1.2.1　复杂网络与软件结构

系统的复杂性取决于元素之间的交互作用，网络拓扑结构决定网络的特性。近几年，科学家发现真实复杂系统的拓扑抽象具有无尺度和小世界的显著特征，并拉开了复杂网络研究的序幕。复杂系统和复杂网络的研究成为国际关注的热点，并迅速成为一个极其重要而富有挑战性的前沿科学领域。它融合了信息、生命等不同学科孤立的研究对象，研究各种看上去互不相同的复杂网络之间的共性和普适的分析方法，当前研究主要集中在自然、社会中的自组织网络上，而对于软件系统这样的人工系统则较少涉及。系统论认为系统的拓扑会影响其功能、性能和可靠性等指标[21]。软件具有层次性、自主性、开放性、交互性等复杂系统特点[22]，因此和复杂网络一样属于复杂系统的一个子集。大规模软件由很多相互联系的单元或者子程序（如函数、类、源代码文件、程序库、组件等）构成，这种关联可以通过定义一种反映软件结构特性的网络拓扑模型来描述，一个组织良好的软件系统必然具有易于维护和重构的拓扑结构。

利用复杂网络理论来分析指导软件系统设计已成为当前软件工程新的课题和挑战，Myers[23]以软件系统作为复杂网络为主题描述了软件结构和复杂网络的关系和研究前景，一些相关的研究[24, 25]也从不同的角度利用复杂网络的研究进展在软件领域取得突破性的成果。近年来，研究人员开始把复杂网络理论和方法引入软件复杂性度量学中，Vasa 等提出了一套度量指标[26]来检测开发过程中面向对象软件结构稳定性的变化；Ma 等根据结点的度来定义结构熵，用于衡量结构的异质性，以此来对软件系统的结构复杂性进行定性分析和评估[27]，并提出了一个层次型的度量体系[28]，将不同的度量方法集成起来分析软件系统的结构复杂性；Liu 等[29]则把软件系统看作软件耦合网络来研究，发现 C&K 度量方法中的 CBO（coupling between object classes，对象类之间的耦合）和 WMC（weighted methods per class，类的加权方法数）指标在实际系统中的分布符合幂律规律；李兵等[30]则提出了一种生长的网络化模型 CN-EM，该模型将进化算法引入软件复杂性度量中，能较好地刻画实际软件系统中复杂网络特性出现的进化过程。

## 1.2.2　研究的目的和意义

总体来说，目前国内外的复杂网络理论应用于软件工程研究还停留在初始阶段，对软件结构仅停留在对度分布、聚集系数的简单数据进行统计分析的层面上，度量指标和度量内容还很不完善，未能揭示结构特征与设计、结构进化与软件成本间的深层联系，是复杂网络理论在软件领域的简单扩展。本书从复杂网络的视域下对软件单元关系和结构整体进行思考，形成一种软件网络观，是一种对软件结构复杂性的全新诠释。

当前，国家每年因为软件项目失败、延期或软件质量问题带来的经济损失数以亿计。对大规模复杂软件的合理设计分析与评价，将开发过程纳入一个合理的技术框架内，可从源头控制和提高软件质量，确保软件性能符合要求，降低维护成本，并可产生很高的经济和社会效益。

本书的研究内容具有理论和实践多重意义。

理论上，本书提出新的软件度量评价方法，为客观评价、改进系统提供量化依据，从全新的复杂网络领域拓展了现有软件工程理论，从而更好地衔接了设计、开发、度量、复杂性控制和可靠性评估过程；可发现众多以前尚未揭露的软件特性，深化对软件特性尤其是软件进化的认知，对复杂网络理论在软件工程方面的研究加以补充和扩展。

工程实践上，本书针对目前软件理解、测试、度量及评价中传统方法的诸多限制，用全新的理论进行诠释，其成果可应用在大型软件的结构分析和复杂性理解、软件度量、软件质量评价、系统测试和系统维护中，对软件设计者提供指导性建议；提高软件开发者的认知水平，避免软件设计中的混乱及错误，从而为实现有效、快速地开发高质量、可控的大型软件系统提供可靠保障，提高软件产品的市场竞争力；进化研究还可为软件结构进化中的版本升级提供参考，为软件的迭代开发和质量控制提供保障，以设计出具有更高容错性和稳定性的软件结构，避免软件结构进化走向失败。

教学研究上，本书能进一步提高对软件工程、软件结构的认识，便于理解大型软件开发的设计思想和设计模式。

## 1.3 本书的主要研究内容

现存的软件分析度量方法在大型软件评价、质量控制等方面存在诸多局限性，本书用全新的理论对系统结构及其进化进行再认识，提出一种新的软件分析度量方法，力求从本质上理解和改善软件系统的内在结构，客观评价软件可靠性，降低软件成本，对软件开发和维护提供指导。

本书的主要内容如下。

(1) 提出了大型软件拓扑结构解析与可视化方法，主要包括源代码逆向解析和关系限制、软件结构网络建模及映射规则、可视化算法及可视化、解析工具的设计和实现等。

（2）进行了软件网络特征量提取与分析，主要包括基本特征量分析、扩展和新定义特征量分析、特征量相关性分析、复杂度构造及分析、软件网络样本档案库建立、软件网络中设计模式的匹配等。

（3）进行了软件网络核数分析，并介绍了核数研究对软件工程的新贡献，主要包括核数定义和 k 核分解、核数计算和收缩算法、软件的核心度量评价、核的结构容错性、核分析对软件工程的新贡献等。

（4）详细介绍了常见的识别复杂网络中重要结点的方法，即比较各种方法的优点和不足，并在此基础上提出了基于度和度中心性的结点重要性评估算法，通过应用于真实的软件网络，发现该方法更适用于应用型大型软件网络。

（5）提出了两种全新的复杂网络静态特征量，即双重度和邻聚系数，在此基础上提出了一种新的复杂网络重要结点识别算法，并将这种识别算法应用到 10 种大型开源软件网络中，实验证明该算法可行。

（6）介绍了基于复杂网络的二维软件度量评价体系，主要包括结点单元和结构两维测度集的建立、测度体系软件工程的合理性评判、实证分析测度有效性、设计具有良好软件结构的统计学判据等。

（7）介绍了软件静态结构特征进化规律，主要包括平均结点度和平均介数的进化分析、软件网络结构的整体进化分析等。

（8）介绍了生态系统中的软件进化，主要包括软件结构的有序度进化和软件的生态特征描述，软件网络的进化速率、进化趋势和进化预测等。

# 1.4　本书的组织结构

本书共 11 章，组织结构如图 1.1 所示。

第 1 章是绪论，主要介绍相关的研究背景，软件的复杂性、度量、进化的新挑战，对要解决的问题、研究的意义、工作思路和研究内容进行介绍。

第 2 章介绍复杂网络的概念和研究目的，以及图的基本理论、复杂网络的主要特征和基本模型。

第 3 章主要给出软件静态结构的网络映射模型，设计实现一个解析工具进行大型软件拓扑结构解析与可视化，并对数据进行初步分析。

第 4 章以大量优秀开源软件为样本，计算软件结构特征量、特征量相关性、构造系统复杂性的量化标准，并结合软件工程理论加以统计分析。

第 5 章提出用软件核研究软件网络的方法，设计软件核结构的分解算法，提取出面向对象软件的核结构，并详述其特性和核数研究对软件工程的贡献。

第 6 章详细介绍了几种常见的识别复杂网络中重要结点的方法，比较了各种方法的优点和不足，并在此基础上提出了基于度和度中心性的结点重要性度量方法。将该方法应用于真实的软件网络，发现其更适用于应用型大型软件网络。

第 7 章提出了两种全新的复杂网络静态特征量——双重度和邻聚系数，在此基础上提出了一种新的复杂网络重要结点识别算法。

第 8 章针对传统软件度量方法的局限性，提出一个基于复杂网络的测度体系，用于量化大规模软件结构特性和软件质量评判，并加以理论评价和实例验证。

第 9 章基于软件网络特征量和测度对大样本软件进化中的特征变化加以分析，研究特征量的进化规律，提出识别软件开发过程中测试、维护重点模块的方法。

第 10 章将软件进化放在生态系统中进行研究，通过熵有序度分析证明软件系统是具有生态特征的耗散结构，讨论了软件进化的速率、趋势，并对进化进行了预测。

第 11 章对全书工作和主要贡献进行总结，并提出今后研究的重点。

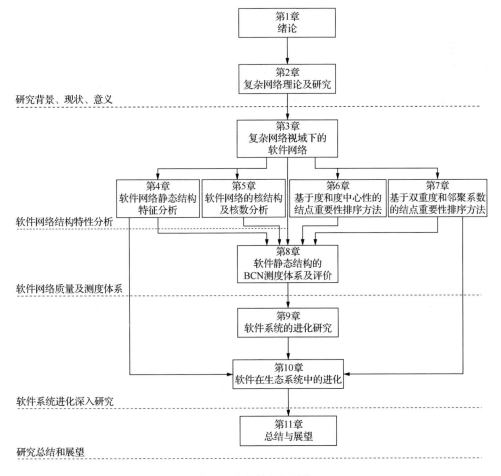

图 1.1　本书的组织结构

# 参 考 文 献

[1] KAN S H. Metrics and models in software quality engineering[M]. 2nd ed. Boston: Addison-Wesley Longman Publishing, 2002.

[2] TASSEY G. The economic impacts of inadequate infrastructure for software testing[R]. Gaithersburg: National Institute of Standards and Technology, 2002, ES1-ES11.

[3] 王立福，麻志毅，张世琨. 软件工程[M]. 2 版. 北京：北京大学出版社，2002.

[4] BROOKS F P. The mythical man-month[M]. Boston: Addison-Wesley, 1995.

[5] BASILI V R, PERRICONE B T. Software errors and complexity: an empirical investigation[J]. Communications of the ACM, 1984, 27(1): 42-52.

[6] DASKALANTONAKIS M K. A practical view of software measurement and implementation experiences within Motorola[J]. IEEE transactions on software engineering, 1992, 18(11): 998-1010.

[7] HENDERSON-SELLERS B. Object-oriented metrics: measures of complexity[M]. New Jersey: Prentice Hall, Inc. Upper Saddle River, 1995.

[8] BOEHM B W. Software engineering economics[M]. New Jersey: Prentice Hall PTR Upper Saddle River, 1981.

[9] PRESSMAN R S. Software engineering: a practitioner's approach[M]. 6th ed. New York: The McGraw-Hill Companies, 2004.

[10] 尹云飞，钟智，张师超. 软件科学中 Halstead 模型的改进[J]. 计算机应用，2004（10）：130-132.

[11] MCCABE T J. A complexity measure [J]. IEEE transactions on software engineering, 1976, SE-2(4): 208-320.

[12] MYERS G L. Composite design facilities of six programming languages[J]. IBM systems journal, 1976, 15（3）：212-224.

[13] CHIDAMBER S R, KEMERER C F. A metrics suite for object-oriented design[J]. IEEE transactions on software engineering, 1994, 20(6): 476-493.

[14] ABREU F B E. The MOOD metrics set[C]//Proceedings of ECOOP'95 Workshop on Metrics. Aarhus, Denmark, 1995: 150-152.

[15] 李心科，刘宗田，潘飚，等. 一个面向对象软件度量工具的实现和度量实验研究[J]. 计算机学报，2000，23（11）：1220-1225.

[16] LEHMAN M M, RAMIL J F. Software evolution and software evolution processes[J]. Annals of software engineering, 2002, 14(4): 275-309.

[17] 杨芙清. 软件工程技术发展思索[J]. 软件学报，2005，16（1）：2-4.

[18] BENNETT K. Software evolution: past, present and future[J]. Information and software technology, 1996, 38(11): 673-680.

[19] BROOKS F P. The mythical man-month: essays on software engineering[M]. 20th Anniversary ed. Boston: Addison-Wesley Professional, 1995.

[20] LEHMAN M M. Feedback in the software evolution Process[C] //CSR Eleventh Annual Workshop on Software Evolution: Models and Metrics. Dublin,1994.

[21] 张钹. 网络与复杂系统[J]. 科学中国人，2004（10）：37-38.

[22] AUYANG S Y. Foundations of complex-system theories: in economics, evolutionary biology, and statistical physics[M]. Oxford: Oxford University Press, 1998.

[23] MYERS C R. Software systems as complex networks: structure, function, and evolvability of software collaboration graphs[J]. Physical review E, 2003, 68(4): 1-15.

[24] WHEELDON R, COUNSELL S. Power law distributions in class relationships[C]//Proceedings Third IEEE International Workshop on Source Code Analysis and Manipulation. Amsterdam, Netherlands: IEEE 2003: 45-54.

[25] 韩明畅，李德毅，刘常昱，等. 软件中的网络化特征及其对软件质量的贡献[J]. 计算机工程与应用，2006，42（20）：29-31.

[26] VASA R, SCHNEIDER J G, NIERSTRASZ O. The inevitable stability of software changes[C]//IEEE International Conference on Software Maintenance. Paris, 2007: 4-13.

[27] MA Y T, HE K Q, DU D H. A qualitative method for measuring the structural complexity of software systems based on complex networks[C]//Proceedings of first International Conference on Complex Systems and Applications. Taibei, 2005: 955-959.

[28] MA Y T, HE K Q, DU D H, et al. A complexity metrics set for large-scale object-oriented software systems[C]//Proceedings of sixth International Conference on Computer and Information Technology. Seoul, 2006: 189-190.

[29] LIU J, HE K Q, PENG R, et al. A study on the weight and topology correlation of object oriented software coupling networks[C]//Proceedings of first International Conference on Complex Systems and Applications. Hohhot, 2006: 955-959.

[30] 李兵，王浩，李增扬，等. 基于复杂网络的软件复杂性度量研究[J]. 电子学报，2006，34（12A）：2371-2375.

# 第 2 章 复杂网络理论及研究

## 2.1 复杂网络概述

随着互联网技术的迅猛发展，计算机软件得到越来越广泛的应用，软件的规模和复杂性也与日俱增，但软件的质量难以得到有效控制和保证。因此，如何认识、度量和控制软件的复杂性就成为软件工程面临的一个重要挑战。近年来，复杂网络作为软件工程与复杂系统的交叉学科，为探索大规模软件系统的结构特征提供了强有力的支持。从复杂系统和软件网络的角度来审视软件，从整体和全局的角度来探索大规模软件系统的结构特征，可以为量化分析软件系统的复杂性奠定基础。

### 2.1.1 复杂网络的研究简史

近年来随着复杂网络研究的兴起，人们开始广泛关注网络结构复杂性及其与网络行为之间的关系。要研究各种不同的复杂网络在结构上的共性，首先需要有一种描述网络的统一工具。这种工具在数学上称为图（graph）。任何一个网络都可以看作由一些结点按照某种方式连接在一起而构成的一个系统。所谓具体网络的抽象图表示，就是用抽象的点表示具体网络中的结点，并用结点之间的连线来表示具体网络中结点之间的连接关系。自然界存在各种各样的复杂系统，如生态系统、食物链系统和水流域分布等，它们大多数可以用网络来描述，即把真实世界中的个体抽象为结点，把个体之间的关系抽象成边，从而可以用复杂网络的思想来分析这些复杂系统。随着人类文明不断地进步，人类社会的网络化程度也不断提高，如人们生活中离不开的电力网络、无处不在的交通网络、与人类生活日益密切的互联网络，而这些网络都有一个共同的特征，即它们都是复杂网络，其复杂性主要体现在网络结构的复杂性、结点的多样性和连接的多样性等方面。因此，复杂网络作为一个新兴学科逐步得到了广泛的认识和研究。

目前，学界公认的复杂网络的起源是图论[1]。图是网络最严谨、最完美的数学表达形式，也是支撑整个复杂网络发展的数学理论基础，并且被广大研究学者沿用至今[2]。对图论的研究最早始于七桥问题[3]。公元 18 世纪初，在东普鲁士北部的哥尼斯堡小镇中有一条横穿而过的小河，河上有两个小岛，有七座桥把两个岛与河岸联系起来，如图 2.1 所示。有人在这里提出一个问题：一个步行者怎样才能不重复、不遗漏地一次走完七座桥最后回到出发点？这个问题看起来似乎相当简单，但是长久以来小镇上没有一个人能走出这样一条路径。当时有几名大学生写信给天才数学家欧拉，请求他帮忙解决这一问题。欧拉在亲自观察了哥尼斯堡的七座桥后认真研究，利用数学抽象的方法，将河流分成 A、B、C 和 D 四个区域，七座桥抽象为连接四个区域的连边，如图 2.2 所示。于是七桥问题就转化为了数学问题，通过对图 2.2 的分析进而讨论这个图形是否能被一笔画出。最终，欧拉得出了这个问题没有解的结论，并且给出了图形可被一笔画出的充分必要条件。最后提交了题为《哥尼斯堡七桥》的论文，圆满地解决了这一问题。欧拉对七桥问题的抽象和论证思想开创了数学中的一个重要分支——图论[1]（graph theory）的研究。因此，欧拉被公认为图论之父。

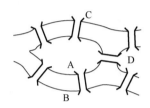　　　　　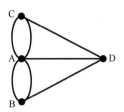

图 2.1　七桥问题　　　　　　　　图 2.2　七桥问题抽象模型

　　但此后相当长的一段时间内，人们对图论的研究并没有取得长足的进步，直到两位匈牙利数学家 Erdös 和 Rényi 建立了随机图论（random graph theory）[4-6]，被公认为是在数学上开创了复杂网络理论的系统研究，为复杂网络的研究奠定了更深厚的理论基础。在 Erdös 和 Rényi 研究的随机模型（简称 ER 随机模型）中，任意两个结点之间有一条边相连接的概率都为 $P$。这样就会得到一个有 $N$ 个结点，大约 $PN(N-1)/2$ 条边的 ER 随机模型的实例。Erdös 和 Rényi 系统地研究了当 $N$ 趋近于无穷时，ER 随机模型的性质（如连通性）与概率 $P$ 之间的关系。他们采用了如下定义：如果当 $N$ 趋近于无穷时产生一个具有性质 Q 的 ER 随机模型的概率为 1，那么几乎每一个 ER 随机模型都具有性质 Q。Erdös 和 Rényi 最重要的发现是 ER 随机模型具有涌现性质，ER 随机模型的许多重要性质都是突然涌现的。也就是说，对于任意给定的概率 $P$，要么几乎每一个图都具有某个性质 Q（如连通性），要么几乎每一个图都不具有该性质。

　　在随机图论中，边的出现成为等概率事件，结点之间的连接完全是随机的，绝大部分结点的连接数目大致相同，结点度的分布方式遵循泊松分布。这使随机图论与传统图论之间出现了根本的差异，图的结构和性质发生了很大的变化。在后来的数十年中，Newman 又将随机图中的度分布扩展为任意度分布，称为广义随机图[7]，从此复杂网络的研究进入了一个新的阶段。

　　在 20 世纪的后 40 年，随机图论一直是研究复杂网络的基本理论。在此期间，人们也做了试图揭示社会网络特性的一些实验，这些工作为后来小世界理论的提出奠定了基础。下面介绍著名的小世界实验（small world experiment）。

1. Milgram 的小世界实验

一个社会网络就是一群人或者团体按照某种关系连接在一起而构成的一个系统。这里的关系可以多种多样，如人与人之间的朋友关系、同事之间的合作关系、家庭之间的联姻关系，以及公司之间的商业关系等。那么现在有这样一个问题，在这个世界上的任意两个人借助第三者甚至第四者这样的间接关系建立起来的两个人之间的联系，平均要通过多少个人才能够实现呢？

20 世纪 60 年代，美国哈佛大学的社会心理学家 Milgram 通过一些社会调查给出了这样的推断：地球上任意两个人之间的平均距离是 6，也就是说平均中间只要通过 5 个人，你就能与地球上任何一个角落的任何一个人发生联系，这就是著名的六度分离推断。下面介绍这个实验是如何进行的。

他将一套连锁信件随机发送给居住在内布拉斯加州奥马哈的 160 个人，信中放了一个波士顿股票经纪人的名字，信中要求每个收信人将这套信寄给自己认为比较接近那个股票经纪人的朋友。朋友收信后照此办理。最终，大部分信在经过五六个步骤后都抵达了该股票经纪人。这就是著名的六度分离实验。人们常有这样的体验：当参加国内外会议或访问或旅游时，在与遇到的一些新朋友交谈时，你很快就发现他认识你的朋友，你认识他的朋友的朋友，于是大家不约而同地脱口而出"这个世界真小啊"。这就是小世界效应（现象），这里包含了六度分离概念的基本思想。

因此 Milgram 的小世界实验在社会网络分析中具有重要影响。然而在 Milgram 的小世界实验中，实际上只有少部分的信件送到了收件人的手中，因此实验的成功率是很低的，由此得到的统计结果的可信度也不高。更为重要的是，Milgram 没有对这样一个社会现象做出合理的解释。

2. Bacon 游戏

在 Milgram 的小世界实验之后，为了检验六度分离推断的正确性，人们又做了其他一些具有小世界特性的实验。其中一个著名的实验就是 Bacon 游戏。这个游戏的主角是美国电影演员 Bacon，游戏的目的是把 Bacon 和另外任意一个演员联系起来。在该游戏中，为每一个演员定义了一个 Bacon 数（实际上就是合作的最短距离）：如果一个演员和 Bacon 一起演过电影，则他（她）的 Bacon 数为 1；如果一个演员没有和 Bacon 演过电影，但是他（她）和 Bacon 数为 1 的演员一起演过电影，那么该演员的 Bacon 数就为 2。依次类推，实验的最终结果同样证明了小世界特性的成立，因为得到的平均 Bacon 数很小。

3. Erdös 数

在 Bacon 游戏中是计算每个演员的 Bacon 数，而在数学界则流行一个计算每个数学家 Erdös 数的游戏。某个人的 Erdös 数，就是这个人在学术合作中与 Erdös

的距离。凡是和 Erdös 合作写过文章的人的 Erdös 数都为 1，其余依次类推。这个
数值同样体现了小世界的特点。

　　4．Internet 上的小世界实验

　　尽管电影演员合作网络和数学家合作网络的定义明确并且容易被验证，但是
其规模依然相对太小。也就是说，电影界和数学界中的小世界现象并不能直接推
广到整个现实世界中去。

　　2001 年的秋天，在美国哥伦比亚大学社会学系任教的 Watts 组建了一个研究
小组，并且开设了一个名为"小世界"项目的网站，开始在世界范围内进行一个
检验六度分离推断是否正确的网上在线实验。他们选定了一些目标对象，其中包
括各种年龄、种族、职业和社会经济阶层的人。志愿者在网站注册后会被告知关
于目标对象的一些信息，志愿者的任务就是把一条消息用电子邮件的方式传到目标
对象那里。类似于 Milgram 的小世界实验，如果志愿者不认识指定的目标对象，就
给网站提供他（她）觉得比较合适的一个朋友的电子邮件地址，网站会通知他（她）
这个朋友关于这个实验的事情，如果这个朋友同意，就可以继续这个实验。

　　该研究小组于 2003 年 8 月在 Science 杂志上报道了他们的初步实验结果。才
一年多的时间，总共有 13 个国家的 18 名目标对象和 166 个国家及地区的 6 万多
名志愿者参与实验，最后有 384 个志愿者的电子邮件抵达目的地。其中每封邮件
平均转发 5~7 次，即可到达目标对象。但是，这项研究也存在一些不可控的因素，
如志愿者的朋友对于该项实验没有兴趣，而且一般人对陌生的电子邮件往往抱有
戒心，从而使这个实验的进行变得更为困难。

　　人们是如何找工作的呢？是靠亲朋好友的帮忙，还是通过各种招聘广告，还
是招聘会呢？20 世纪 60 年代末，哈佛大学的研究生 Granovetter 带着这些问题开
始了他的研究课题。他在波士顿地区采访了约 100 个人，并向 200 多个人发出了
问卷。这些被调查者要么刚刚换了工作，要么最近才被雇用，而且都是专业技术
人士，也就是说他调查的范围不包括蓝领阶层。

　　Granovetter 发现，人们在寻找工作时，那些关系紧密的朋友（强联系）反倒
没有那些关系一般甚至只是偶尔见面的朋友（弱联系）更能够发挥作用，事实上，
关系紧密的朋友也许根本帮不上什么忙。下面是 Granovetter 在论文中给出的一个
例子，类似的例子在我们身边也经常出现。Edward 在上高中的时候，他认识的一
个女孩子邀请他参加一个聚会，在聚会上 Edward 遇到了该女孩的大姐的男朋友。
3 年以后，当 Edward 辞去了工作之后，他在当地的住所偶遇到了这位只有一面之
交的朋友。在交谈之中，这个人谈起了他所在的公司现在需要一个制图员，于是
Edward 申请了这个工作，并且顺利被雇用了。

　　Granovetter 最初把关于弱联系强度的论文于 1969 年 8 月投给了《美国社会学
评论》杂志，但 4 个月之后就被退稿。4 年之后这篇论文才在《美国社会学》杂
志上发表，现在它已被认为是有史以来较有影响力的社会学论文之一。

　　20 世纪 60 年代以来，随机图论一直是研究复杂网络结构的基本理论，但是绝大多数实际的网络结构并不是完全随机的，如两个人是否是朋友、Internet 中两个路由器之间是否有光纤连接等都不是完全随机的。实际上，小世界实验和弱联系强度在一定程度上证明了这个观点。

　　在 20 世纪即将结束之际，对复杂网络的科学探索发生了重要的转变，复杂网络的理论研究不再局限于数学领域，人们开始考虑结点数量众多、连接结构复杂的实际网络的整体特性，从而在众多学科掀起了研究复杂网络的热潮。在这期间，两篇开创性的论文可以被看作复杂网络研究兴起的标志：一篇是美国康奈尔大学理论和应用力学博士生 Watts 及其导师 Strogatz 在 *Nature* 杂志上发表的名为《"小世界"网络的集体动力学》的文章[6]，它揭示了复杂网络的小世界特性，建立了 WS 小世界模型；另一篇是美国圣母大学物理系的 Barabási 教授与其博士生 Albert 在 *Science* 杂志上发表的题为《随机网络中标度的涌现》的文章，它提出了无尺度网络[7]，建立了 BA 网络模型。这两篇文章分别验证了不同网络结构所具有的统一普遍的、非平凡的特性，揭示了复杂网络的小世界特性和无尺度特性，并建立了相应的模型来阐述这些特性产生的机理。这两篇文章打破了人们对实际网络的传统认识，成为复杂网络研究进程中的里程碑。

　　近年来，人们越来越认识到复杂网络研究的重要性，关注复杂网络研究的学者越来越多，其子方向、子课题也涉及越来越多的领域，逐渐由单学科向多学科方向发展。图 2.3 显示了 1983～2019 年以"复杂网络"为主题的论文被知网数据库收录的情况，彩图 1 显示了复杂网络研究所涵盖的学科情况。由图 2.3 可以看出，研究复杂网络的论文数量基本上是逐年递增的，这意味着人们对复杂网络研究的热情越来越高。由彩图 1 可知，复杂网络研究涉及自动化技术、电信技术、互联网技术、计算机软件及计算机应用等多个学科领域，此外还包括众多交叉学科。

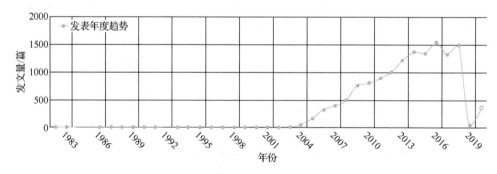

图 2.3　1983～2019 年以"复杂网络"为主题的论文被知网数据库收录的情况

## 2.1.2 　复杂网络的定义

复杂网络是指由大量具有紧密联系和彼此相互作用的单元所组成的网络。这是一种处于混沌边缘的特殊网络结构,既不是规则网络,也不是随机网络。迄今为止,虽然对于复杂网络的认识比较统一,但是科学家依然没有给出对复杂网络精确严格的定义。从网络研究的历史可以看到,复杂网络概念最开始是相对于规则网络和随机网络提出来的,即介于规则网络和随机网络之间的网络都可以称为复杂网络。这可以算得上是狭义的复杂网络的定义。

自然界中存在着大量的复杂系统,传统研究将其分为一些独立的研究领域,各学科研究者仅在各自的领域内进行研究。随着科学的发展,如何从整体上来研究复杂系统成为一个迫切需要解决的问题。复杂网络是一种复杂系统,其复杂性主要表现在以下几个方面[8]:①结构复杂,表现在结点数目巨大,网络结构呈现不同特征。②网络进化,表现在结点或结点之间连接的产生与消失。例如,互联网网页或链接随时可能出现或断开,导致网络结构不断发生变化。③连接多样性,表现在结点之间的连接权重存在差异,且有可能存在方向性。④动力学复杂性,表现在结点集可能属于非线性动力学系统,如结点状态随时间发生复杂变化。⑤结点多样性,表现在复杂网络中的结点可以代表任何事物。例如,人际关系构成的复杂网络结点代表单独个体,万维网组成的复杂网络结点可以表示不同网页。⑥多重复杂性融合,即以上多重复杂性相互影响,导致更加难以预料的结果。近年来,复杂网络理论的发展为研究自然界中存在的复杂系统提供了一个新的视角,复杂网络被映射到许多学科领域的研究之中。作为一种复杂系统,大规模软件系统因为结构化和模块化的发展也呈现出一种独特的复杂网络特征。就现阶段而言,从广义上说任何网络都可以称为复杂网络,即使是随机网络和规则网络也属于复杂网络的一些特例。

在统计物理学中,把网络看成包含大量个体以及个体间相互作用的系统,常把某种现象或某类关系抽象为个体(顶点),把个体之间相互作用抽象成边而形成可视化的图进行分析。网络可用来描述结点之间的相互关系,如人与人之间的社会关系、物种之间的食物链关系、词与词之间的语义联系、手机与手机之间的通话联系、网页之间的超链接、科研文献之间的引用关系,以及项目开发者之间的合作关系,甚至产品的生产与被生产关系都可以用网络来描述。因此可以通过抽象化的网络模型来对真实世界进行研究,并可通过图的形式进行可视化分析。在研究分析过程中,研究人员发现大量的真实网络拓扑结构呈现出不同于传统规则网络或随机网络的高度复杂性,这样的网络统称为复杂网络。例如,社会领域的电影演员网络和电子邮件网络,信息领域的万维网,技术领域的电子电路网络和对等网络,生物领域的代谢网络、病毒传播网络和蛋白质网络等,都具有典型的复杂网络特征。近年来，人们对复杂网络进行了广泛而深入的研究，取得了许多重要成果，这些成果对于人们认识现实中各种复杂系统的宏观性质及其内部的微观性质起到了重要作用。复杂网络对人们的影响已经从一个学科上升到了世界观和方法论的高度。彩图 2 是两种典型的复杂网络拓扑结构图。

### 2.1.3　复杂网络研究的目的与现状

大量实验证明，复杂网络的研究有广阔的应用前景，其应用领域涉及工程技术、社会、政治、医药、经济、管理等不同层面。不同领域的研究者发现，包括万维网、细胞代谢系统、好莱坞的演员合作方式在内的许多现实网络都是无尺度网络，也具有小世界特征。而且复杂网络中最明显的特征是总是有少量的结点显示出超强的控制力，几乎统治着整个网络，大部分结点反而显得无关紧要或者说不太重要。在网络遭遇攻击时，如果是随机攻击，对网络造成的损害可能较小；如果是蓄意攻击并且恰好击中网络中的重要结点，则有可能导致整个网络瘫痪，从而给人们带来经济、生活上的损失。

例如，在电力网络中，对重要的供电结点进行保护可以有效防止因级联失效引发的大面积停电事故的发生。在现代生活节奏中，供电网络是人们生存的基础民生工程，关系整个城市生活能否正常运行。在这种情况下一旦发生大规模停电事故，整个城市的生活进程必然遭受严重的影响。2003 年 8 月 14 日，美国东北部和加拿大联合电网发生大面积停电事故，波及美国和加拿大的多座城市，造成高达 300 亿美元的经济损失，影响 5000 万人的正常生活。2007 年 4 月 26 日，哥伦比亚发生大规模停电事故，导致全国 80% 以上地区瘫痪 3 个多小时，造成直接经济损失数亿美元。在病毒传播网络中，如果能够有效识别病毒扩散的高危结点，就可以有针对性地对病毒进行防护，防止病毒的传播和扩散。曾经在千禧年之际，有一种名为"我爱你"的计算机病毒在全球各地迅速蔓延，人们称之为"爱虫"病毒[9]。这种病毒通过电子邮件系统传播，收件人一旦打开这个邮件，系统就会自动复制并向收件人的所有联系人发送该病毒邮件，导致"爱虫"病毒在很短时间内就袭击了全球无以计数的计算机，并且从被感染病毒的计算机系统来看，具有高价值 IT 资源的计算机系统、英国国会、美国中央情报局、美国国防部多个部门等重要的经济、政府部门成为"爱虫"病毒攻击的首要对象。这次攻击对全球的股票、媒体、食品等行业都造成了巨大的经济损失。如果能够提前预知网络中的重要结点并对其进行保护或者对重要资料进行备份，那么将会大大减少病毒攻击造成的经济损失。再如，在谣言传播网络中，如果能够挖掘出传播谣言的始作俑者，就能避免蝴蝶效应；在犯罪网络关系网中，如果可以迅速识别犯罪团伙头目并集中精力进行抓捕，就能避免更大危害的犯罪；在搜索引擎网络中，如果可以把搜索到的正确结果根据其匹配和重要程度排序后返回给用户，就能大大提高搜索效率。

因此，复杂网络结点重要性的研究提供了一种新的复杂性研究视角，并且提供了一种比较的方法，能有效地发掘复杂网络中的关键结点。发掘网络中的关键结点，一方面，能够通过保护这些重要结点来提高整个网络的可靠性与抗毁性；另一方面，也可以通过攻击这些结点达到摧毁整个网络的目的。同时，复杂网络中结点往往蕴含着许多网络局部信息和全局信息，为了有效地对网络系统进行分析和研究，识别网络中的重要结点就显得十分重要。

在如今的科技社会中，我们的生活被各种网络包围着，如在线社交网络、科研合作网络、因特网、通信网络、交通网、电力网、新陈代谢网络、基因调控网络、神经网络等。研究者通过抽取不同网络的拓扑结构分析网络的统计特征，进一步认识网络的动力学行为[10-12]。随着网络科技的迅猛发展，复杂网络的结点重要性研究越来越受到人们的关注，如何用定量的方法分析度量大规模网络中结点的重要程度是复杂网络研究中亟待解决的重要问题之一[13-15]。目前，结点重要性排序方法主要分为 5 类：基于网络局部属性的度量指标、基于网络全局属性的度量指标、基于网络位置属性的度量指标、基于随机游走的结点重要性排序方法和基于传播动力学的结点重要性排序方法[16]。

基于网络局部属性的度量指标主要考虑结点自身信息和结点的邻居信息，这些度量指标计算简单、时间复杂度低，适用于大型网络。度量指标因为能够直接反映网络中的某一结点对于网络中其他结点的直接影响力，而成为基于网络局部属性结点重要性排序方法的首选度量指标。Wang 等[17]认为，网络中结点的重要性不但与结点自身的信息有关，而且与该结点的邻居结点的度也存在关联，即结点的度及其邻居结点的度越大，则该结点就越重要。崔爱香等[18]在考虑了结点的最近邻居和次近邻居的度信息后，定义了一个多级邻居信息指标。荣智海等[19]在综合考虑结点的邻居个数以及邻居结点之间的连接紧密性后，提出了一种基于邻居信息与聚集系数的结点重要性度量方法，该方法只用到了网络的局部信息，适合用于大规模网络的结点重要性分析。谭跃进等[20]在研究了在线社会网络的传播行为后，发现结点传播的重要性与该结点的聚集性有关。Liu 等[21]在研究了 Facebook 系统中朋友关系的演化特性后，发现邻居结点的绝对数目不是影响结点重要性的决定性因素，起决定作用的因素是邻居结点之间形成的连通子图的数目。

基于网络全局属性的度量指标主要考虑网络的全局信息，这些度量指标的准确性相对较高，但时间复杂度高，不适用于大型网络。特征向量指标是评估网络结点重要性的一个重要指标[22,23]。度量指标把周围相邻结点视为同等重要，而实际上结点之间是不平等的，必须考虑到邻居对该结点的重要性有一定的影响。如果一个结点的邻居很重要，这个结点的重要性很可能高；如果邻居的重要性不是很高，那么即使该结点的邻居众多，也不一定很重要。通常称这种情况为邻居结点的重要性反馈。特征向量指标是网络邻接矩阵对应的最大特征值的特征向量，是最常用也最重要的排序指标。Poulin 等[24]在求解特征向量映射迭代方法的基础上提出了累计提名算法，该算法计算网络中其他结点对目标结点的提名值的总和，认为结点的累计排名值越高结点就越重要，累计提名方法计算量较少、收敛速度较快，而且适用于大型和多分支网络。Katz 指标[25]同特征向量一样可以区分不同邻居对结点的不同影响力。不同的是，Katz 指标给邻居赋予不同的权重，对短路径赋予较大的权重，而对长路径赋予较小的权重；紧密度指标[26]用来度量网络中的结点通过网络对其他结点施加影响的能力。结点的紧密度越大，表明该结点越位于网络的中心，在网络中就越重要。1977 年，Freeman 在研究社会网络时提出介数指标[27,28]，该指标用于衡量个体社会地位。Travencolo 等[29] 提出了结点可达性指标（accessibility）。可达性指标用于描述结点在自避随机游走的前提下，行驶 $h$ 步长之后该结点能够访问多少不同目标结点的可能性。Comin 等[30]考虑介数与度的关系，定义了一个结点重要性排序的指标。Li 等[31]提出用结点被删除后形成的所有不连通结点之间的距离（最短路）的倒数之和来度量所删结点的重要性。Tan 等[32]定义了网络的凝聚度，在此基础上提出了一种评估复杂网络结点重要性的结点收缩方法，即最重要的结点是在该结点收缩后网络凝聚度值变为最大的结点。余新等[33]通过计算网络中的结点被移除时网络直径和网络连通度的变化梯度来评估网络中结点的重要性，利用该算法对美国 ARPA（Advanced Research Projects Agency）网络的结点重要程度进行了分析。饶育萍等[34]提出了一种基于全网平均等效最短路径数的网络抗毁评价模型，认为全网平均等效最短路径数越多，网络的抗毁能力越强，并在此基础上，提出一种结点重要性评价方法，即如果结点失效后网络抗毁度下降越多，则该结点在网络中的重要性越大。程克勤等[35]根据有权网络中边的权值计算结点的边权值，并依据边的权值计算全网平均路径长度，以此度量结点重要性。

基于网络位置属性的度量指标认为，网络中结点的重要性依赖于结点在整个网络中的位置，该指标计算时间复杂度低，更适用于大型复杂网络。与度、介数、特征向量等指标相比，基于网络位置属性的指标能更准确地识别疾病传播网络中最有影响力的结点，其中最典型的方法是 2010 年 Kitsak 等[36]提出的 $k$ 核分解法。他们利用 $k$ 核分解获得了结点重要性排序指标，该指标时间复杂度低，适用于大型网络，而且比度、介数更能准确识别在疾病传播中最有影响力的结点。近几年不少学者受到这种思想的启发，对 $k$ 核进行了扩展和改进，使其应用范围更广，准确性更好。$k$ 核分解法[36,37]通过递归方法移除网络中所有度值小于或等于 $k$ 的结点，将网络划分为不同的层，认为通过 $k$ 核分解后才能确定网络的核心结点或最重要结点（即 $k_s$ 值大的结点）。Zeng 等[38]在考虑结点的 $k_s$ 信息和经过 $k_s$ 分解而被移除结点的信息后提出一种混合度分解法。Garas 等[39]通过先将加权网络转变成无权网络再进行经典 $k_s$ 分解的方法计算网络中结点的重要性。Liu 等[40]综合考虑目标结点的 $k$ 核信息和与网络最大 $k$ 核的距离后，提出了新的结点重要性度量指标，弥补了 $k_s$ 指标赋予网络中大量结点相同的值而导致其无法准确衡量其结点重要性的缺陷。

基于随机游走的结点重要性排序方法认为，网页之间的链接关系可以解释为网页之间的相互关联和相互支持，据此可以判断出网页的重要程度。例如，PageRank[41]的算法思想是，当网页 A 有一个链接指向网页 B 时，就认为网页 B 获得了一定的分数，该分值的高低取决于网页 A 的重要程度，即网页 A 的重要性越大，网页 B 获得的分数就越高。由于网页上链接相互指向非常复杂，该分值的计算是一个迭代过程，最终网页将依照所得的分数进行排序并将检索结果送交用户，这个量化了的分数就是 PageRank 值。PageRank 算法能够根据用户查询的匹配程度在网络中准确定位结点的重要程度，而且计算复杂度不高。Radicchi 等[42]提出一种扩散算法分析了有向加权网络的结点重要性排名，并给出了科学家科研影响力和职业运动员影响力排名的实例分析。Masuda 等[43]对基于拉普拉斯算子的结点中心性度量方法进行了扩展，扩展后的方法与 PageRank 类似。该方法不仅适用于强连通的有向网络，还适用于有孤立社团的网络。

基于传播动力学的结点重要性排序方法认为，结点重要性排序不仅由网络结构决定，还受到网络传播机制及结点自身特性的影响[44]。例如，Aral 等[45]在研究了 Facebook 网络上的 130 万用户的传播行为后，发现用户在社交网络的影响力受年龄、性别和婚姻等多种因素影响，而且在研究结点的影响力与网络拓扑结构之间的关系时又发现有影响力的结点容易聚集在一起，这样更易于用户网络行为的传播。同时，Borge-Holthoefer 等[46]在研究了在线社交网络的信息扩散机制后也发现，在只有少量度非常大的结点时，度指标能准确地识别网络中最具影响力的结点。然而 Borge-Holthoefer 等[47]也发现在真实的网络谣言传播过程中，结点的重要性并不是由该结点的 $k_s$ 位置所决定的，而是依赖于谣言传播的扩散机制。在对病毒传播网络的研究中，Yan 等[48]发现在加权无尺度网络中，网络中的边权和网络的拓扑结构一样都会影响病毒的传播过程。

## 2.2　复杂网络基本理论

### 2.2.1　图的基本理论

#### 1. 网络的图表示

在复杂网络研究中，人们往往从数学的角度出发将不同的网络抽象为结构不

同的图,用点和线段描述出真实的网络,通过对图的研究和分析得到真实网络的拓扑结构和特征。现实世界中的复杂网络是每个个体之间相互作用的复杂系统,是很多关系的集合,可以将它抽象为一个二元组的图 $G(V, E)$ 来描述。其中网络中的个体就是这个二元组中的结点,用集合 $V = \{v_1, v_2, \cdots, v_n\}$ 来表示,网络中结点的总个数用 $N = |V|$ 来表示;网络中个体之间的连接关系构成了图中的边,用集合 $E = \{e_1, e_2, \cdots, e_n\}$ 来表示,网络中边的数量用 $M = |E|$ 来表示;图中的每一条边对应着两个结点,即 $\{e_1, e_2, \cdots, e_n\} \subseteq V \times V$。

通常在一个网络中,两个结点间的连边只表示这两个结点间存在关系,而不能表示两个结点连接的紧密程度;边的权值表示结点间连接关系的紧密程度,边的权值越大证明两个结点间的关系越紧密。因此,在对图的研究中可根据边是否有向和是否有权将图分为 4 种:无向无权网络、无向加权网络、有向无权网络和有向加权网络,如图 2.4 所示。

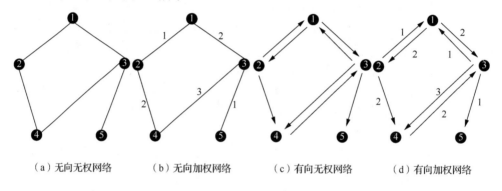

（a）无向无权网络　　　　（b）无向加权网络　　　　（c）有向无权网络　　　　（d）有向加权网络

图 2.4　4 种网络类型图

## 2. 图的矩阵表示

由于现实世界中网络规模庞大、结点数量众多、边的连接具有复杂性,研究人员通常用邻接矩阵或者邻接表的形式来表示复杂网络。对于任意一个网络,它的邻接矩阵表示为

$$A = \begin{pmatrix} a_{11} & a_{12} & \cdots & a_{1n} \\ a_{21} & a_{22} & \cdots & a_{2n} \\ \vdots & \vdots & & \vdots \\ a_{n1} & a_{n2} & \cdots & a_{nn} \end{pmatrix}$$

其中,$a_{ij}$ 表示结点 $i$ 和结点 $j$ 之间是否有边连接,当 $a_{ij} = 1$ 时,表示结点 $i$ 和结点 $j$ 之间有边连接;当 $a_{ij} = 0$ 时,表示结点 $i$ 和结点 $j$ 之间没有边连接。对于一个无向无权网络,若结点 $i$ 和结点 $j$ 之间存在连边,则有 $a_{ij} = a_{ji} = 1$;若结点 $i$ 和结点 $j$ 之

间不存在连边，则有 $a_{ij} = a_{ji} = 0$。对于一个无向加权网络，若结点 $i$ 和结点 $j$ 之间存在连边，则有 $a_{ij} = a_{ji} = 1$，且边的权值为 $\alpha$；若结点 $i$ 和结点 $j$ 之间不存在连边，则有 $a_{ij} = a_{ji} = 0$。对于一个有向无权网络，若有一条边从结点 $i$ 指向结点 $j$，则有 $a_{ij} = 1$；若 $a_{ij} = 0$，则表示结点 $i$ 和结点 $j$ 之间不存这样的一条有向边。对于一个有向加权网络，若有一条边从结点 $i$ 指向结点 $j$，且边的权值为 $\alpha$，则有 $a_{ij} = \alpha$；若 $a_{ij} = 0$，则表示结点 $i$ 和结点 $j$ 之间不存在这样的一条有向边。

对于网络图中连边较少的网络，若连接的边数远小于结点数的二次方，则认为该网络是一个稀疏网络。若采用邻接矩阵存储网络信息则会造成大量的存储空间浪费，因此研究人员常用邻接表来表示稀疏网络。对于图 2.4（d）所示的网络，它的邻接表如表 2.1 所示。其中第一列数据表示结点编号，每一行数据表示存在从结点 $i$ $(i = 1,2,3,4,5)$ 分别指向其他结点的边。

**表 2.1　网络的邻接表表示**

| 结点编号 | 该结点分别指向其他结点的边 | | |
|:---:|:---:|:---:|:---:|
| 1 | | 2 | 3 |
| 2 | | 1 | 4 |
| 3 | 1 | 4 | 5 |
| 4 | | | 3 |
| 5 | | | |

邻接表通常用来表示无权网络，而有权网络通常用三元组来表示，即用三个数据表示一条边，第一个数据表示边的起始结点，第二个数据表示边的指向结点，第三个数据表示边的权值。如图 2.4（d）所示的网络图中，结点 1 指向结点 3 边取值为 2，则其三元组表示为{ 1　3　2 }。

## 2.2.2　复杂网络的主要特征

复杂网络是指具有自组织、自相似、吸引子、小世界、无尺度中部分或全部性质的网络，是一种处于混沌边缘的特殊的网络结构。彩图 3 展示了 4 种典型的复杂网络。

用网络或图的观点来描述客观世界起源于 1736 年数学家欧拉解决的哥尼斯堡七桥问题。网络观强调系统的结构，并从结构角度分析系统的功能，这是复杂网络研究的主要思路，因此与传统图论研究的不同之处在于：复杂网络从统计学角度考察网络中结点的分布及结点间接的性质，根据不同的网络组织结构来研究系统功能的差异，为系统（结构、性能等）的优化提供理论基础[49-51]。近年来，人们在刻画复杂网络结构的统计特性上提出了很多概念和方法，因此，对这些统计特性（参数）的描述和理解是进行软件网络相关研究的前提和基础。

1. 结点度与度分布

度是一个网络结点属性中简单而又重要的概念[52]。结点 $v_i$ 的度 $k_i$ 定义为与该结点连接的其他结点的数目。有向网络中一个结点的度分为出度和入度。结点的出度是指从该结点指向其他结点的边的数目，结点的入度是指从其他结点指向该结点的边的数目。度是研究无尺度网络拓扑结构的基本参数，用于描述静态网络中结点所产生的直接影响力，其值越大，意味着这个结点在某种意义上越重要。网络中所有结点的度的平均值称为网络的平均结点度，记为 $\langle k \rangle$。

网络中结点的度的分布情况可用 $P(k)$ 来描述。$P(k)$ 表示一个随机选定的结点的度恰好为 $k$ 的概率。规则网络有简单的度序列，所有结点具有相同的度，所以其度分布为 Delta 分布。它是单个尖峰，网络中的任何随机变化倾向于使这个尖峰的形状变宽。随机网络的度分布近似于泊松分布，其形状在远离峰值处呈指数下降，即度值 $k$ 集中在一定的范围之内。完全随机网络又称均匀网络。近年来的大量研究表明，许多实际网络的度分布明显不同于泊松分布，它们的度分布符合幂律分布（无尺度分布）形式 $P(k) \sim k^{-\gamma}$，$\gamma$ 称为度分布系数。无尺度网络中绝大部分的结点度相对很低，但存在少量度相对很高的结点。度分布与网络是完全对应的，度分布可以完整地描述网络结点的连接信息。

在软件静态结构网络拓扑中，对应网络中的概念可以借用如下的定义。

【定义 2.1】 在软件静态结构网络无向拓扑图 $G_{\mathrm{sn}} = \langle V, E, f \rangle$ 中，顶点 $v$ 的度 $k_v$ 是指与此顶点 $v$ 连接的边的数量，$v \in V$，即

$$k_v = \sum_{l \in E} \delta_l^v \tag{2.1}$$

式中，$\delta_l^v$ 记号取值为 1，当 $f(l) = \langle X, Y \rangle$ 时，有 $v = X$ 或 $v = Y$，否则为零，即

$$\delta_l^v = \begin{cases} 1, & v \in f(l) \\ 0, & \text{其他} \end{cases} \tag{2.2}$$

在有向网络中，同样使用式（2.1），当 $v = X$ 时，$\delta_l^v$ 记号取值为 1，否则为零，可以得到顶点 $v$ 的出度；当 $v = Y$ 时，$\delta_l^v$ 记号取值为 1，否则为零，可以得到顶点 $v$ 的入度。"出度加 1"表示该结点代表的软件模块拥有一个对其他模块的依赖，而"入度加 1"则表示该结点代表的软件模块被一个其他模块所依赖。例如，对于两个类 $A$ 和 $B$，若 $A$ 是 $B$ 的子类，则 $A$ 和 $B$ 之间有一条有向边由 $A$ 指向 $B$，$A$ 拥有一个出度，$B$ 拥有一个入度。

【定义 2.2】 通过有向网络 $G_{\mathrm{sn}}$ 的任意一个结点 $v[v \in V(G_{\mathrm{sn}})]$ 有一个出度 $k_{v\text{-out}}$ 和一个入度 $k_{v\text{-in}}$，通过网络的所有结点就可以得到两个序列，反映网络 $G_{\mathrm{sn}}$ 的另一种度分布的相关性。结点的度分布相关性用来度量网络中结点的连接属性。

在软件静态结构的网络拓扑中，度值反映了结点（程序单元）的复杂性。度

分布表述了拓扑图中每个结点连接的结构特征，其研究展现了软件静态结构的宏观拓扑特征，有助于理解软件结构信息是如何组织的。

2. 平均路径长度

【定义 2.3】 网络中两个结点 $v_i$ 和 $v_j$ 之间的距离 $d_{ij}$ 定义为连接这两个结点的最短路径上的边数。网络的平均路径长度 $d$ 定义为任意两个结点之间距离的平均值，即

$$d = \frac{1}{\frac{N(N+1)}{2}} \sum_{i \geqslant j} d_{ij} \qquad (2.3)$$

式中，$N$ 为网络结点数。

网络中任意两个结点之间距离的最大值称为网络的直径，记为 $D$，即

$$D = \max_{i,j} d_{ij} \qquad (2.4)$$

网络的平均路径长度也称为网络的特征路径长度。为了便于数学处理，式（2.3）中包含了结点到自身的距离（该距离为零）。如果不考虑结点到自身的距离，那么需要在式（2.3）的右端乘以因子 $(N+1)/(N-1)$。在实际应用中，尤其是网络规模十分庞大的时候，这个差别是可以忽略不计的。一个含有 $N$ 个结点和 $M$ 条边的网络的平均路径长度可以用时间复杂度为 $O(MN)$ 的广度优先搜索算法来确定。但是从另一个角度讲，当网络规模达到一定数量级之后，计算平均路径长度会变得十分缓慢。图 2.5 是一个简单网络拓扑的直径与平均路径长度的计算实例。

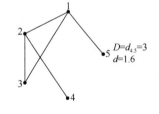

近期的研究发现，尽管许多实际复杂网络的规模巨大，但是其平均路径长度的值与其规模相比却小得惊人。如果对于固定的网络其平均结点度 $\langle k \rangle$、平均路径长度 $d$ 的增加速度至多与网络拓扑结点规模 $N$ 的对数成正比，则网络是具有小世界效应的。

图 2.5　简单网络拓扑的直径与平均路径长度的计算实例

平均路径长度是软件静态结构网络拓扑的一个重要特征量。一个系统的平均路径长度只有维持在一个特定级别，才不至于破坏程序的可扩展性和可维护性。一个大型的软件系统如果平均路径长度过长，则软件的组织形式可能就较为松散，软件复用程度不高，功能有限；反之，如果一个大型软件系统的平均路径长度特别小，甚至为 1 或 2 这样的级别，则说明软件模块之间耦合度过高，系统设计职责不清，不利于维护和修改。

3. 聚集系数

聚集系数又称簇系数，用来描述网络中结点的聚集情况，即描述网络有多紧密。网络的聚集性是通过聚集系数来描述的[53]，它用来表示一个网络的集聚程度，定义如下。

【定义 2.4】　　聚集系数反映网络集团化的程度，即考察连接在一起的集团结点各自的近邻之中有多少是共同的近邻。对于每一个顶点 $v[v \in V(G)]$，找到其近邻集合 $N_v$，记 $n = |N|_v$，$N_v$ 中存在的边的数量为

$$M = \sum_{l \in E(G); x,y \in N_v} \delta_l^x \delta_l^y \tag{2.5}$$

式中，$E(G)$ 为边集。

则有集聚程度为

$$C_v = \frac{M}{C_n^2} \tag{2.6}$$

网络中所有顶点的集聚程度的统计分布是描述网络特征的重要几何特征量，整个网络的聚集系数就是所有结点 $v_i$ 的聚集系数 $C_i$ 的平均值，称为平均聚集系数 $C$。这个参数也是小世界现象的衡量标准之一，它的值可以反映网络的结构特征。对应每个结点的度值和聚集系数可以得到一组序列，称为簇度分布，该分布表述了网络中的聚集条件特性。

对于平均聚集系数 $C$，很明显有 $0 \leqslant C \leqslant 1$。当且仅当网络中所有的结点均为孤立结点时，$C = 0$，即没有任何连接；当且仅当网络是全局耦合时，$C = 1$，即网络中任意两个结点之间都有连接。对于一个含有 $N$ 个结点的完全随机网络，当 $N$ 很大时，$C = O(N^{-1})$。而许多实际的大规模网络都有明显的聚集效应，它们的聚集系数尽管小于 1，但比 $O(N^{-1})$ 要大很多。这意味着实际网络并不是完全随机的，其中既存在吸引聚集的因素，又存在约束聚集的条件。

在软件系统中，许多不同的模块聚集在一起完成相对复杂的功能，对聚集系数的研究可以展现出模块集成的相关属性。簇度分布也可以反映模块组织结构的特性，为软件开发提供指导性度量。

4. 介数

【定义 2.5】　对于图 $G = (V, E)$ 中结点 $v$ 的介数 $C_B(v)$，有如下算式：

$$C_B(v) = \sum_{s \neq v \neq t \in V} \frac{\delta_{st}(v)}{\delta_{st}} \tag{2.7}$$

式中，$\delta_{st}$ 为结点 $s$ 到结点 $t$ 的最短路径数目；$\delta_{st}(v)$ 为结点 $s$ 到结点 $t$ 的最短路径中经过结点 $v$ 的最短路径数目。一个结点的介数衡量了通过该结点的最短路径数目

指标。

　　介数反映了相应的结点或边在整个网络中的作用和影响力,具有很强的现实意义。在社会关系网或计数网络中,介数的分布特征反映了不同人员、资源和技术在相应生产关系中的地位,有利于对重点人员、关键技术和资源进行保护。

　　在软件网络中,通过统计结点和边的介数,可以分析系统中任意一个类或类之间的某种关联在失效时对整个系统的影响,为系统的重构和优化提供指导,弥补了传统软件度量方法的局限。介数反映了结点在整个网络中的作用和影响力。在软件系统中,介数较大的结点是系统中承担责任较多的结点,这样的模块出现问题会对整个系统影响很大。另外,还可以根据社区中的聚集系数和社区间边的介数依据高内聚、低耦合的原则在较高层次分析软件设计的质量或复杂度,从全局的角度对系统进行宏观调控。

　　5. 紧密度

【定义 2.6】　紧密度是指网络系统中结点与结点之间构成连通性的难易程度[52],所以软件网络研究中能够应用紧密度这个物理量分析结点与结点之间相互连接的难易程度。

　　设网络结点总数为 $N$,设结点 $v$ 的紧密度为此结点到其他所有结点距离的总数和的倒数,计算公式如下:

$$\beta_i = \frac{N(N-1)(N-2)}{2\sum_{i\geq j} d_{ij}} \tag{2.8}$$

## 2.2.3　复杂网络的基本模型

　　网络的拓扑结构是决定网络特性和功能的关键,要想深入理解网络的功能与特性之间的关系,进而改善网络的动作行为,就必须了解网络的结构特征并在此基础上构建适合的网络模型。近年来,有很多专家和学者对复杂网络的演化机制及演化模型进行了研究,并按照网络的各种特征量将其分为规则网络、随机网络、小世界网络和无尺度网络等。人们在此基础上从各种应用的角度出发提出了各种各样的拓扑特征结构模型,这些模型和基于模型的方法可以有效地帮助人们认识和理解真实世界中的结构特性,对复杂网络的描述也更加形象贴切,使人们对复杂网络的认识更加深入。下面介绍几种典型的复杂网络模型。

　　1. 规则网络

　　规则网络是一个规则的有迹可循的晶格点阵,可以用直线尺寸来计量,网络中各顶点的连接度相同。一般地,把一维链、二维正方晶格等称为规则网络。规则网络的平均聚集系数 $C$ 值较大,平均路径长度 $d$ 也较大。

一种特殊的规则网络——全局耦合网络如图 2.6（a）所示，其任意两个结点之间都有边直接相连。其特性有 $d=1$，$C=1$，在具有相同结点数的所有网络中具有最小的平均路径长度和最大的聚集系数。虽然全局耦合网络反映了许多实际网络具有的性质，但该模型作为实际网络模型的局限性也是很明显的：结点规模为 $N$ 的全局耦合网络有 $N(N-1)/2$ 条边，然而大多数大型实际网络是很稀疏的。

另一种较为常见的规则网络是星形网络，它有一个中心结点，其余所有结点都与该中心结点相连，并且其余结点之间都互不连接。当结点数量趋近于无穷时，其平均路径长度趋近于 2，聚集系数趋近于 1，这种网络与现实生活中的网络较为相似，但也并非全都相似。星形网络的结构图如图 2.6（b）所示。

还有一种规则网络被称为最近邻耦合网络，它由 $N$ 个结点排列成一个环状，每个结点只和与它相邻的最近的 $k/2$ 个邻居结点相连（$k$ 为偶数），网络的平均聚集系数 $C=(3k-3)(4k-2)$，当 $k$ 值趋近于无穷大时，$C \approx 0.75$，其网络结构如图 2.6（c）所示。

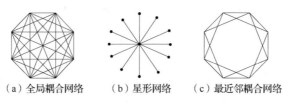

（a）全局耦合网络　　（b）星形网络　　（c）最近邻耦合网络

图 2.6　3 种规则网络

2. 随机网络

随机网络与规则网络不同，随机网络并没有任何规律可循，完全是随机生成的一种复杂网络。在 $N$ 个顶点构成的图中存在 $C_N^2$ 条边，给一个概率 $P$，对于 $C_N^2$ 中任何一个可能连接，以概率 $P$ 的连接所构成的网络称为随机网络。就好像将一筐豆子散落在地上，并且连续、随机地将任意两个豆子之间连上一条线，这样我们就能得到一个随机网络模型。随机网络与完全规则网络相反，包含从空图到完全图的所有可能，为此研究其几何性质需要对每一种可能进行统计和平均。

对于顶点数为 $N$、网络配位数为 $z$ 的随机网络：顶点的度值符合平均值为 $N \sim P$ 的泊松分布，其集聚程度比较低，$C=\dfrac{\{k\}}{N-1}$。从 $C$ 的值可以看出，当 $N$ 值很大而 $k$ 值很小时，网络的聚集系数也会很小，这说明大规模随机网络的拓扑结构较为松散，集聚特性和耦合性相对较差。图 2.7 为 $P$ 取不同值时的随机网络，从图中可以看出，在 $P$ 取不同值时所形成的随机网络也不同。事实上，Erdös 和 Rényi 两位数学家的研究也表明随着概率 $P$ 的不同，随机网络会呈现出不同的属性。一般来说，当 $P$ 值小于某个特殊值时，随机网络具有某种性质的可能性就会等于 0；而当 $P$ 值大于这个特殊值后，随机网络具有这种性质的可能性就会变成 1。

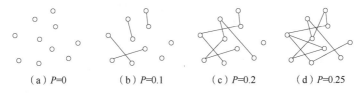

（a）$P=0$　　　　（b）$P=0.1$　　　　（c）$P=0.2$　　　　（d）$P=0.25$

图 2.7　$P$ 取不同值时的随机网络

### 3. 小世界网络

规则网络通常具有较高的聚集系数，但其网络的平均路径长度很大。随机网络虽然具有较小的平均路径长度，但没有高聚集系数。因此这两类网络模型与真实网络都有不同。不同于规则网络虽然具有较高的集聚特性，但平均路径长度较大，也不同于随机网络虽然具有较小的平均路径长度，但耦合性较差，小世界网络是介于这两者之间的既不是完全规则也不是完全随机的网络模型。

与规则网络和随机网络相比，小世界网络更像是现实世界中的网络，因为它同时具有较高的集聚特性及较短的平均路径长度，简洁地描述了大多数网络尽管规模很大但是任意两个结点间却有一条相当短的路径的事实。和规则网络和随机网络相比，小世界网络更接近于大量的真实系统。

### 4. 无尺度网络

近年来，学者对大量的复杂网络进行研究，发现大量真实网络的度分布都呈现出幂律分布的形式，即在真实网络中只有少数的结点拥有很大的度数，而大多数结点的度值都很小，如 Internet 的连接度分布。由于幂律函数曲线是一条下降相对缓慢的曲线，网络的度分布出现了严重的不均匀性，没有明显的特征度值，这种网络称为无尺度网络。无尺度网络具有以下两个重要特性。

（1）增长特性：网络的规模是不断扩大的，不断有新的结点加入网络拓扑中，如在疾病传播网络中会不断有新增患者出现。

（2）优先连接特性：很多网络的连接过程遵照"偏好依附"的原则进行，网络中新结点出现时，更倾向于连接到已经有较多连接的"集聚结点"，随着时间的推进，这些结点就拥有比其他结点更多的连接数。在这种"富者愈富"的马太效应过程中，早期结点更有可能成为集散结点。从无尺度网络的度分布可以看出，无尺度网络对于敌人的随机攻击有较强的抗毁性，但如果敌人开展蓄意攻击则会对网络造成较大的破坏。

# 2.3　本　章　小　结

　　本章主要对复杂网络进行了简单的介绍，包括复杂网络的发展和定义、研究目的与意义，以及复杂网络的主要特征和复杂网络的基本模型。

　　本章主要内容如下。

　　（1）从七桥问题谈起，对于网络的研究已经进行了 200 多年，但是网络的研究真正和现实产生密切的联系，还要从 20 世纪末 Watts 和 Strogatz 以及 Barabási 和 Albert 发表的两篇文章开始算起，这两篇文章分别提出了现在已经广为人知的小世界特性和无尺度特性，从此网络理论的研究走进了新的纪元。

　　（2）复杂网络的基本特征量包括度分布、平均路径长度、聚集系数等，其中较小的平均路径长度及较大的聚集系数是复杂网络小世界特性的体现，集中反映了现实网络高聚集性和短连接距离的特点；度分布服从幂律分布，体现了复杂网络的无尺度特性。

　　（3）复杂网络是伴随着对复杂系统的研究而生的，因此它天生就是对付现实中种种复杂系统的能手。随着复杂网络研究的进行和复杂网络理论的不断发展，复杂网络将会成为研究超大规模软件系统的重要手段，为软件工程学科的发展做出应有的贡献。

## 参　考　文　献

[1] WEST D B. Introduction to graph theory（英文版）[M] 2nd de. New Jersey: Prentice Hall PTR Upper Saddle River, 2001.

[2] 司晓静. 复杂网络中节点重要性排序的研究[D]. 西安：西安电子科技大学，2012.

[3] 陶增元. 哥尼斯堡七桥问题：一笔画问题程序解法新探[J]. 九江学院学报（社会科学版），2001，20（5）：25-29.

[4] ERDÖS P, RÉNYI A. On random graphs[J]. Publicationes mathematicae, 1959, 6: 290-297.

[5] ERDÖS P, RÉNYI A. On the evolution of random graphs [J]. Publications of the Mathematical Institute of the Hungarian Academy of Science, 1960, 5(1): 17-61.

[6] ERDÖS P, RÉNYI A. On the strength of connectedness of a random graph[J]. Acta mathematica Hungarica, 1961, 12(1,2): 261-267.

[7] NEWMAN M E J. Models of the small world[J]. Journal of statistical physics, 2000, 101(3,4): 819-841.

[8] MYERS C R. Software systems as complex networks: structure, function, and evolvability of software collaboration graphs [J]. Physical review E, 2003, 68(4): 046116.

[9] 何卫平. "爱虫"病毒分析及杀毒[J]. 电脑编程技巧与维护，2000（8）：92-94.

[10] 汪秉宏，周涛，王文旭，等. 当前复杂系统研究的几个方向[J]. 复杂系统与复杂性科学，2008，5（4）：21-28.

[11] 李翔，刘宗华，汪秉宏. 网络传播动力学[J]. 复杂系统与复杂性科学，2010，7（2）：33-37.

[12] 荣智海，唐明，汪小帆，等. 复杂网络 2012 年度盘点[J]. 电子科技大学学报，2012，41（6）：801-806.

[13] PINTO P C, THIRAN P, VETTERLI M. Locating the source of diffusion in large-scale networks[J]. Physical review

letters, 2012, 109(6): 068702.

[14] GHOSHAL G, BARABÁSI A L. Ranking stability and super-stable nodes in complex networks[J]. Nature communications, 2011, 2(7): 394.

[15] GOLTSEV A V, DOROGOVTSEV S N, OLIVEIRA J G, et al. Localization and spreading of diseases in complex networks[J]. Physical review letters, 2012, 109(12): 1-5.

[16] 刘建国, 任卓明, 郭强, 等. 复杂网络中节点重要性排序的研究进展[J]. 物理学报, 2013, 62（17）：9-18.

[17] WANG B H, ZHOU T, WANG W X, et al. Several directions in complex system research[J]. Complex systems and complexity science, 2008, 5(4): 21-28.

[18] 崔爱香, 傅彦, 尚明生, 等. 复杂网络局部结构的涌现：共同邻居驱动网络演化[J]. 物理学报, 2011, 60（3）：803-808.

[19] 吴枝喜, 荣智海, 王文旭. 复杂网络上的博弈[J]. 力学进展, 2008, 38（6）：794-804.

[20] 谭跃进, 吴俊, 邓宏钟, 等. 复杂网络抗毁性研究综述[J]. 系统工程, 2006, 24（10）：1-5.

[21] LIU J G, WANG Z T, DANG Y Z. Optimization of scale-free network for random failures[J]. Modern physics letters B, 2006, 20(14): 815-820.

[22] STEPHENSON K, ZELEN M. Rethinking centrality: methods and examples. Social networks, 1989, 11(1): 1-37.

[23] BORGATTI S P. Centrality and network flow[J]. Social networks, 2005, 27(1): 55-71.

[24] POULIN R, BOILY M C, MASSE B R. Dynamical systems to define centrality in social networks[J]. Social networks, 2000, 22(3): 187-220.

[25] KATZ L. A new status index derived from sociometric analysis[J]. Psychometrika, 1953, 18(1): 39-43.

[26] SABIDUSSI G. The centrality index of a graph[J]. Psychometrika, 1966, 31(4): 581-603.

[27] FREEMAN L C. A set of measures of centrality based on betweenness[J]. Sociometry, 1977, 40(1): 35-41.

[28] ZHOU T, LIU J G, WANG B H. Notes on the algorithm for calculating betweenness[J]. 中国物理快报（英文版）, 2006，23(8): 2327-2329.

[29] TRAVENÇOLO B A N, COSTA L D F. Accessibility in complex networks[J]. Physics letters A, 2008, 373(1): 89-95.

[30] COMIN C H, FONTOURA COSTA L. Identifying the starting point of a spreading process in complex networks[J]. Physical review E, 2011, 84(5): 056105.

[31] LI P X, REN Y Q, XI Y M. An importance measure of actors (set) within a network[J]. Systems engineering, 2004, 22(4): 13-20.

[32] TAN Y J, WU J, DENG H Z. Evaluation method for node importance based on node contraction in complex networks[J]. Systems engineering-theory & practice, 2006, 11(11): 79-83.

[33] 余新, 李艳和, 郑小平, 等. 基于网络性能变化梯度的通信网络节点重要程度评价方法[J]. 清华大学学报（自然科学版）, 2008, 48(4): 541-544.

[34] 饶育萍, 林竞羽, 周东方. 网络抗毁度和节点重要性评价方法[J]. 计算机工程, 2009, 35（6）：14-16.

[35] 程克勤, 李世伟, 周健. 基于边权值的网络抗毁性评估方法[J]. 计算机工程与应用, 2010, 46（35）：95-96.

[36] KITSAK M, GALLOS L K, HAVLIN S, et al. Identification of influential spreaders in complex networks[J]. Nature physics, 2010, 6(11): 888-893.

[37] CARMI S, HAVLIN S, KIRKPATRICK S, et al. A model of Internet topology using k-shell decomposition[J]. Proceedings of the National Academy of Sciences of the United States of America, 2007, 104(27): 11150-11154.

[38] ZENG A, ZHANG C J. Ranking spreaders by decomposing complex networks[J]. Physics letters A, 2013, 377(14): 1031-1035.

[39] GARAS A, SCHWEITZER F, HAVLIN S. A, k-shell decomposition method for weighted networks[J]. New journal of physics, 2012, 14(8): 083030.

[40] LIU J G, REN Z M, GUO Q. Ranking the spreading influence in complex networks[J]. Physica A: statistical mechanics and its applications, 2013, 392(18): 4154-4159.

[41] PANDURANGAN G, RAGHAVAN P, UPFAL E. Using PageRank to characterize web structure[J]. Internet

mathematics, 2006, 3(1): 1-20.

[42] RADICCHI F, FORTUNATO S, MARKINES B, et al. Diffusion of scientific credits and the ranking of scientists[J]. Physical review E, 2009, 80(5): 056103.

[43] MASUDA N, KORI H. Dynamics-based centrality for directed networks[J]. Physical review E, 2010, 82(5): 056107.

[44] LIU J G, WU Z X, WANG F. Opinion spreading and consensus formation on square lattice[J]. International journal of modern physics C, 2014, 18(7): 0701114.

[45] ARAL S, WALKER D. Identifying influential and susceptible members of social networks[J]. Science, 2012, 337(6092): 337-341.

[46] BORGE-HOLTHOEFER J, RIVERO A, MORENO Y. Locating privileged spreaders on an online social network[J]. Physical review E statistical nonlinear & soft matter physics, 2012, 85(6): 066123.

[47] BORGE-HOLTHOEFER J, MORENO Y. Absence of influential spreaders in rumor dynamics[J]. Physical review E, 2012, 85(2): 026116.

[48] YAN G, ZHOU T, WANG J, et al. Epidemic spread in weighted networks[J]. 中国物理快报（英文版）, 2004, 22(2): 510-513.

[49] LI J, SUNG M, XU J, et al. Large-scale IP traceback in high-speed Internet: practical techniques and theoretical foundation[C]//Proceedings of the IEEE Symposium on Security and Privacy. California, USA, 2004: 115-129.

[50] SUBRAMANIAN L, PADMANABHAN V N, KATZ R H. Geographic properties of Internet routing[C]//Proceedings of the General Track of the Annual Conference on USENIX Annual Technical Conference. Berkeley, 2002: 243-259.

[51] Akella A, SESHAN S, BALAKRISHNAN H. The impact of false sharing on shared congestion management[J]. ACM SIGCOMM computer communication review, 2003, 32(1): 84-94.

[52] WATTS D J, STROGATZ S H. Collective dynamics of 'small-world' networks[J]. Nature, 1998, 393(6684): 440-442.

[53] 汪小帆，李翔，陈关荣. 复杂网络理论及其应用[M]. 北京：清华大学出版社，2006.

# 第3章 复杂网络视域下的软件网络

随着软件技术的迅速发展及软件在互联网中的广泛应用，软件系统的规模和复杂性与日俱增，软件质量难以得到有效的控制和保证。因此，如何认识、度量、控制软件复杂性就成为软件工程面临的一个巨大的挑战。作为一种人工智能系统，软件系统结构会影响其功能、性能和可靠性，要想研究软件系统的复杂性首先就必须对软件结构进行合理的描述和有效的量化。

传统研究方法很少从整体和全局的角度来审视软件结构及其进化规律，导致人们对软件本质特性缺乏清晰的认识。近年来，复杂网络研究为探索大规模软件系统的结构特性提供了有力支持，通过软件工程与复杂系统的学科交叉研究，从复杂系统和复杂网络的角度来重新审视软件，将软件系统抽象为一类人工复杂网络来进行研究，从整体和全局角度来探索大规模软件系统的结构特性、进化规律，有助于科学、全面地认识理解软件的本质特性，为量化分析其复杂性奠定基础。

## 3.1 软件网络模型

### 3.1.1 网络的定义

网络充满了整个自然界和人类社会，从蛋白质的相互作用到生命体的新陈代谢，从互联网到社会活动网，网络在我们身边无处不在。人们的日常生活已经无法离开网络，网络的重要地位决定了网络研究仍然是当前自然科学和社会科学的重要课题。在数学上，网络是一个由许多结点及连接结点的边组成的集合[1]，其中结点用来表示真实系统中不同的个体，而边则用来表示个体间的关系。如果两个结点之间具有某种特定的关系，则认为有边相连。

$N = (V, E, c, X, Y)$ 为一个网络，如果

（1）$G = (V, E)$ 是一个有向图。

（2）$c$ 是 $E$ 上的正整数，称为容量函数，对于每条边 $e$，$c(e)$ 称为边 $e$ 的容量。

（3）$X$ 与 $Y$ 是 $V$ 的两个非空子集，分别称为 $G$ 的发点集与收点集，$I = (V | \overline{X \cup Y})$ 称为 $E$ 的中间点集，$X$ 称为发点（源），$Y$ 称为收点（汇），$I$ 称为中间点。

一个具体的网络可抽象为由一个点集 $V(G)$ 和边集 $E(G)$ 组成的图 $G = (V, E)$，顶点数记为 $N = |V|$，边数记为 $L = |E|$。$E$ 中的每条边都有 $V$ 中一对点与之相对应。

如果任意点对 $(u,v)$ 与 $(v,u)$ 对应同一条边，则该网络称为无向网络（undirected network），否则称为有向网络（directed network）。如果给每条边都赋予相应的权值，那么该网络称为加权网络（weighted network），否则称为无权网络（unweighted network），无权网络也可以看成每条边的权值都是 1 的等权网络。

### 3.1.2　软件静态结构的单元和组织

在软件工程领域尤其是大型软件的开发中，为了解决复杂性，最常用的构造方法就是复杂问题的分解和组织。开发人员根据需求将软件系统按功能划分成不同的模块，为了节约成本，在设计和实现中进一步将模块分解为许多独立并且能够重用的程序单元。这些基本程序单元有效地提高了代码的复用性和局部代码的可靠性，从而增强了代码的可维护性，有利于团队开发，提高了开发的效率，因此模块化开发成为一种十分有效的软件工程方法。

模块化将软件系统按职责分解为各个程序单元，通过这些程序单元的交互协作完成软件系统功能。这些单元可能是类、函数、子程序、构件、线程等，而协作关系则包括单元之间的数据共享、消息传递、功能重用等。这些单元集合和单元间的协作关系构成了软件结构，其中单元设计的优劣关系到协调程度的好坏，直接影响软件开发的质量。

软件结构可分为软件静态结构与软件动态结构。软件静态结构是指软件系统静态的、相对稳定的骨架组织，它由子程序、数据结构、类、接口、协作或者构件等的布局组成。静态结构定义了系统中重要组成单元的属性和职责，以及这些单元之间的相互关系。一个软件系统的静态结构是固定的，只有改变软件系统本身才能够改变软件的静态结构，软件系统的静态结构不受系统运行环境、状态和时间的影响。软件动态结构定义了软件系统组成单元的时间特性和这些单元为完成目标任务而相互进行通信的事件。动态结构反映了系统运行时的行为，与系统运行的环境、系统状态和时间有关。同时，软件动态结构受静态结构所约束。

软件系统开发的根本目标是实现所需功能，因此构造一个最优或者较优的软件结构起到了决定性作用。现代软件开发不仅要求软件能够正常工作，而且要求软件系统具有良好的扩展性和可维护性，这些要求是否可实现取决于软件系统是否具有良好的结构，尤其是静态结构。

如果将系统中类、函数、子程序等单元视为结点，单元间的协作关系表示为结点的边，软件静态结构实质上表现为一种内容互连的复杂网络拓扑的形态。随着软件规模的剧增，单元的构造难度和关系的复杂性呈几何级数增长，软件系统的"网络化"趋势越来越明显。依据网络的定义可以获取一个关于软件静态结构的网络，在软件本身不发生变化的情况下其拓扑结构具有唯一性。

在面向过程的结构化程序设计中，组成软件系统的基本单元是子程序或函数。图 3.1 所示为一个面向过程程序源代码示例。各个子程序或者函数之间以一种"调用”关系组合在一起完成复杂的任务。在软件工程领域，调用图描述了子程序或函数之间互相调用、互相依赖、协作构成软件系统的结构。调用图通常表现在两个方面：一方面，动态调用图真实地反映程序运行期间一定条件下的系统运行过程；另一方面，不考虑程序运行时的环境状态时序等因素，将所有的子程序和函数之间的调用全部描述出来，并且加上对数据结构元素的依赖关系，就可以用软件的调用图描述面向过程的结构化软件系统的静态结构。图 3.2（a）描述了图 3.1中面向过程程序使用反向工程生成的调用图，图 3.2（b）描述了其对应的网络拓扑图。

```
Void main()
{
    double a, b;
    double c=add(a,b);
    double d=sub(a,b);
    double e=multi(a,b);
    double f=divide(a,b);
}
double add(double a, double b)
{
    return (a+b);
}
double sub(double a, double b)
{
    return (a−b);
}
double multi(double a, double b)
{
    return (a*b);
}
double divide(double a, double b)
{
    if (b)
    return (a/b);
}
```

图 3.1　面向过程程序源代码示例

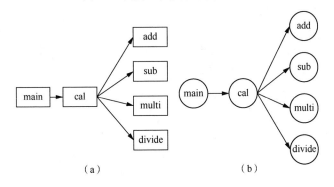

（a）　　　　　　　　　　　　　（b）

图 3.2　面向过程程序静态调用图和对应的网络拓扑图

　　而在面向对象的软件系统中，对象和对象之间的交互占据了主导位置，这也使面向对象的软件系统的结构更加接近真实世界。当系统运行时，这些对象根据环境和状态的变化而产生或者消失，主导或者协助其他的对象完成任务，其关联程度十分复杂。对象和对象之间的交互是面向对象系统的动态结构。通过将对象抽象起来，用抽象数据类型来描述和定义对象的形式和行为，对象在运行时根据抽象数据类型的描述实例化并参与到计算任务中去。抽象数据类型及其之间的关系构成了面向对象软件系统的静态结构。

　　抽象数据类型在软件开发的发展中根据实际的需要逐渐进化出了许多类型，在面向对象系统中，典型的抽象数据类型包括类、接口、结构体、枚举、联合体等，在高一级的层次上还有包、组件等。这些不同的抽象数据类型通过多种关系组合在一起，在运行时完成复杂的任务。在面向对象系统中，抽象数据类型之间的关系包括关联、泛化、依赖和抽象。这些关系之中最常见的是聚合、继承和调用。聚合指一个数据类型的对象需要持有另外一些数据类型的对象实例；继承则是指一些数据类型具有另一些数据类型的特性；调用是最常见的关系，对象的交互很大程度上依赖于调用，一个数据类型的对象若要调用另外一个数据类型的对象，则调用者的抽象数据类型必须知道被调用的数据类型。无论是哪一种关系，都蕴含着同样的含义，即一种抽象数据类型的工作需要由它所聚合、继承或调用的对象的抽象数据类型来协作。在这种协作关系中，责任者必须依赖于协作者的存在。通常，可以通过源代码找到这些协作关系，在软件设计和开发过程中经常借助 UML（unified model language，统一建模语言）图来表示抽象数据类型之间的关系。图 3.3（a）描述了面向对象软件系统中借助 UML 图表示的面向对象程序中静态类图的一个示例，图 3.3（b）描述了其对应的网络拓扑图。

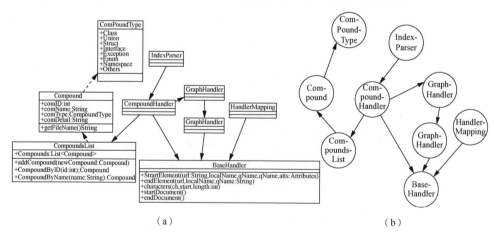

（a）　　　　　　　　　　　　　　　　　（b）

图 3.3　面向对象程序中静态类图和对应的网络拓扑图

无论是面向过程的软件系统还是面向对象的软件系统，都可以将其静态结构图中的程序单元看作组成网络的个体，将程序单元之间的调用、协作看作这些个体在网络之中的关系，从而可以将软件的静态结构网络化。图 3.2（b）和图 3.3（b）分别展示了这一网络化的过程。

### 3.1.3　软件静态结构网络拓扑及映射

软件系统可通过调用图和协作图的方式抽象为由程序单元和单元之间的关系构成的网络，这种网络拓扑反映了软件的静态结构特征。

【定义 3.1】　软件静态结构网络是指基于软件的源代码，把源代码中的函数、类或者构件抽象为结点，把代码块之间的关系（包括调用、继承、引用等）抽象为边所组成的网络模型，简称为软件网络。

采用逆向工程方法，即从源代码到系统类图，然后到网络模型，得到软件组织结构的网络图映射。对组织结构的网络图映射进行分析，观察其网络特性，从而得到一些整体性质，如图 3.4 所示。

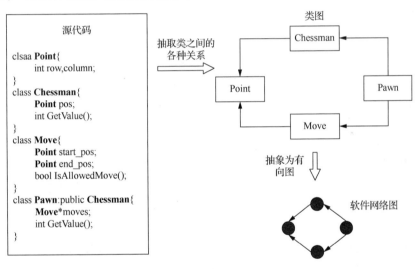

图 3.4　开源软件系统结构的分析方法

【定义 3.2】　对于软件系统 $S$，三元组 $G_{sn} = \langle V, E, f \rangle$ 称为软件静态结构的网络拓扑。这个三元组包括：①一个顶点集 $V(G_{sn}) = \{v_i \mid v_i \in S, i = 1, \cdots, n, n \geqslant 2\}$，其中 $v_i$ 是软件系统 $S$ 中的抽象数据类型（对于面向对象的软件系统）或者子程序（对于面向过程的软件系统）；②一个边集 $E(G_{sn}) = \{e_j \mid e_j \in S, j = 1, \cdots, m, m \geqslant 1\}$，其中 $e_j$ 是系统 $S$ 中组成部分之间的关系；③一个关系 $f$，这个关系使每一条边和两个顶点相关联，即对于发点和收点分别为 $v_i, v_j$ 的边 $e$，有 $f(e) = \langle v_i, v_j, r \rangle$，其中 $r$ 为

关系的类型（在带权网络中为边权）。

由定义 3.2 可以看出，软件静态结构网络拓扑的描述形式是一个带权的有向图。在软件静态结构网络拓扑的研究中，忽略关系 $f$ 中的关系类型 $r$，就得到软件静态结构的有向无权网络拓扑；如果在有向无权网络中对于边 $e_1$ 有 $f(e_1)=\langle v_i, v_j \rangle$，同时对于边 $e_2$ 有 $f(e_2)=\langle v_j, v_i \rangle$ 的情况下，$e_1=e_2$，则得到软件静态结构的无向无权网络拓扑。

软件静态结构网络拓扑的特征直接反映了软件系统的结构特性，可以据此利用复杂网络的研究方法获取蕴含在软件系统结构中的信息，从而了解软件系统的潜在特性，探索软件的复杂性，度量评价软件，指导软件开发。

### 3.1.4　软件静态结构与网络拓扑模型

软件系统是一个人工复杂系统，其结构是由软件开发人员实现它的方式方法所决定的。对于简单的软件系统，其结构的网络拓扑模型可能是十分简单的。但是在大规模软件系统中，单独的一个人或者几个人已经很难决定软件结构的拓扑组织。这是因为开发者之间互相牵制，问题领域的各个概念本身也互有联系，确定这样一个系统的结构往往需要通过不断的迭代设计实现，这反映了一种类似自然选择的进化过程[2]。大型复杂软件系统是将复杂的问题分解为多个部分，再由多个开发者共同完成。在开发过程中，根据功能需要将复杂的功能分解为大量可重用的元素（类、对象、子程序、构件等），若将这些元素视为结点，则这些结点之间的相互关系就构成一张复杂的协作关系网络。

前面的章节通过软件反向工程和网络拓扑映射，提取出由程序单元和协作关系构成的网络模型，并定义了网络化的软件静态结构拓扑。根据复杂网络的研究经验，给出了在软件静态结构网络拓扑中能够测量和计算的一些特征量。但是要理解网络结构与网络行为之间的关系，并进而考虑改善网络的结构与行为，就需要对网络的结构特征有很好的了解，并在此基础上建立合适的网络结构模型。

通过对复杂网络经典模型的分析，可得出如下 4 种网络各自的拓扑特性。

（1）规则网络的平均集聚程度高，重复率大，所以平均路径长度大，其最短路径满足 $d - N$，顶点的连接度为平均分布。

（2）随机网络的平均集聚程度很高，所以平均路径长度小，其最短路径满足 $d - \ln N$，顶点的度分布为均值 $z$ 的泊松分布。

（3）小世界网络同时拥有较高的集聚程度和较小的平均路径长度，度分布类似于随机网络。

（4）无尺度网络一般具有小世界网络的特征，拥有较高的集聚程度和较大的平均路径长度，同时其顶点的度分布为幂律分布。

规则网络拥有最低的分割度和最高的聚集度，但是这种结构很难存在于软件系统中。软件工程要求模块具有高内聚、低耦合的特点，这决定了软件网络不可能呈现规则网络的特点。软件的模块化设计思想使软件网络拓扑不太可能呈现出随机网络的特征。近年来的研究表明，软件系统作为复杂网络具有小世界网络和无尺度网络的一些特征，但相关研究还处于起步阶段，因此借鉴现有的主要网络模型有利于促进软件网络的深入研究。

## 3.2　软件网络结构分析

### 3.2.1　需求描述和解析工具

3.1 节定义了软件静态结构及其网络拓扑映射，为了实现软件系统的网络化，利用复杂网络特征量计算分析得到的软件网络，找到其静态结构中蕴含的网络拓扑特征，并进一步探讨这些特征及其进化蕴含的潜在规律对软件系统理解、度量、测试、评价等各方面的影响和作用，需要将软件的源代码作为数据源，构建软件网络集成化解析工具。

软件网络集成化解析工具以通过复杂网络理论对软件结构特征进行分析为目的，根据度量分析流程，利用和改进现有工具的功能，并对所缺的必需功能加以补充。它通过解析软件系统的源代码获取软件结构的数据，并将这些数据整理成软件静态结构的网络拓扑表示，实现软件静态结构网络二维可视化，在软件静态结构网络拓扑模型基础上度量其网络特征量，构建测度集检测，评价软件系统设计缺陷，总结软件静态结构进化的规律。该工具部分模块是自身实现的，部分模块是集成现有的软件，具体的实现和集成过程将在后面详细表述。

### 3.2.2　解析工具的功能

根据软件静态结构的度量分析流程将分析工具划分成几个独立的进程，分别为源代码网络化表示进程、网络拓扑特征量计算进程及网络拓扑可视化进程，其分别在程序执行时独立运行。每个进程运行时生成临时文件作为中间存储，下一步进程可以获取数据继续执行。在所有的分析执行结束后，可以自行将生成的临时文件等占用空间多、不会再被使用的中间文件删除，以节省存储空间。图 3.5描述了各进程的组织结构及系统中的数据流，其中网络拓扑可视化输出部分集成了现有可视化软件 Guess。

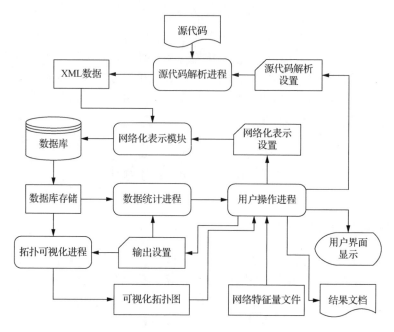

图 3.5　系统整体数据流图

由于现代大型软件具有规模大、复杂度高的特点，解析过程往往需要耗费很长的时间，需要分析工具允许用户手动设置整个源代码，分析过程可以无人值守自动执行或者分步执行。根据软件静态结构的度量分析流程，软件网络解析工具的功能如下。

1. 源代码网络化表示

将软件系统的源代码作为输入数据，对源代码进行解析，找到软件中单元及单元之间的关系。目前，编写软件所用的程序设计语言多种多样，对应的源代码的文本表现形式差异也很明显，分析工具要能够解析由主流程序设计语言编写的软件源代码。同时，分析工具还需要解析多种程序单元。在面向对象系统中，这些单元是抽象数据类型，包括类、接口、结构体等，关系是抽象数据类型之间的关联、继承等；在面向过程系统中，这些单元是子过程，关系是子过程之间的调用和依赖。分析工具需要尽量完备地从源代码中获取软件系统中全部单元及其单元之间的关系，并且以网络化表示出来。

2. 网络拓扑特征量计算

分析工具的最终目的是度量软件静态结构网络拓扑中的特征量。分析工具需要统计并计算已定义的特征量数据，汇总后分别输出，为后续分析做准备。

### 3. 网络拓扑可视化输出

图是观察网络最直观、最有效的研究手段。该工具集成了可视化软件 Guess，通过对以网络化形式表示出来的软件静态结构进行可视化输出，可以直观地观察软件静态结构的网络拓扑表现，快速地做出判断和分析，找到其网络拓扑特征。

#### 3.2.3　解析工具的设计和实现

根据系统的功能描述，软件网络解析工具主要分为源代码网络化表示模块、网络拓扑特征量计算模块和网络拓扑可视化模块。

#### 1. 源代码网络化表示模块

软件系统源代码的逆向解析类似于程序编译中的预处理过程，可借助开源软件 Doxygen[3]来实现。Doxygen 是使用 C++开发的基于源代码注释的文档生成工具。它可以从文档化的代码中生成一份可在线浏览的文档（HTML 格式）或离线参考手册（LATEX、PDF、CHM 格式）。目前 Doxygen 已经能够支持 C++、C、Java 等格式的源代码文档化，文档直接从源代码中抽取，易于保持文档和源代码的一致性。

图 3.6 为网络化表示模块流程图，首先调用可执行文件 doxygen.exe，根据配置文件指示的具体程序设计语言类型调用对应的代码扫描方法抽取软件源代码中的实体，通过数据整理形成实体树结构。再借助代码高亮处理，以及对实体树中注释的解析获取文档信息，生成标记单元和单元之间关系的 XML 文件。在实现中对 Doxygen 默认配置文件参数进行简化，只关注软件静态结构中的结点和关系信息，尽可能减少代码文档信息处理的空间和时间，提高解析效率，简化输出数据。简化任务包括：

（1）将原 Doxygen 中非软件模块和软件模块关系的解析处理置空，简化处理流程。

（2）去除包括文档解析等与软件静态结构数据无关的处理过程，减少运行任务。

（3）修改 XML 存储文件格式定义，只保存和软件静态结构数据有关的数据。

目前，分析工具可以解析以 C++、C、Java 等程序设计语言编写的软件系统源代码。配置文件的简化使源代码在解析过程中抛弃了大量的无用数据，精简了输出结果，输出的 XML 文件中只保留和软件结构信息有关的数据元素，读取该文件并整合分散数据，即得到包含结点和边的网络化文件。

#### 2. 网络拓扑特征量计算模块

实验结果表明，网络的结点规模达到 5000 个以上级别时，通过网络拓扑图来直观观察网络的特征几乎是不现实的，在 3000～5000 个结点级别上很难对网络拓扑中的软件结构特点有所理解。为了找到更多的网络拓扑特征，需要对数据进行统计、计算和分析。

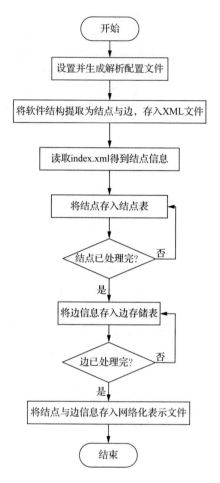

图 3.6　网络化表示模块流程图

### 3. 网络拓扑可视化模块

该模块将软件静态结构的网络拓扑以可视化图的形式表示出来，以便直观地看到网络拓扑结构。它要求生成的图结构清晰、布局合理。因为分析的软件规模往往很庞大，生成的网络拓扑结构图中的结点及结点之间的连接数量都具有较高的数量级，所以布局和优化布局成为可视化模块实现的重点。

在软件静态结构的网络化文件中，标记的仅仅是结点及结点之间的连接，不对结点之间的相对位置加以考虑，因此，可视化模块要采用合理的布局算法进行结点布局。从可视化程度来考虑，好的布局应该尽量满足以下条件：交叉的边尽可能少；边的长度均匀分布；点的位置均匀分布；点边距离足够大；角分辨率足够大。

可视化模块采用的布局算法有随机布局算法[4]、环布局算法[5]、放射布局算法[6]、弹力布局算法[7]、Fruchterman-Rheingold 布局算法[8]、Kamada-Kawai 布局算法[9]、粒子布局算法[10]及 GEM 布局算法[11]等。通过实验综合考虑布局算法的可读性、直觉美感性，以及生成速度和处理网络规模等方面的指标后，选择 GEM 布局算法作为集成化分析工具的可视化布局方式，图 3.7 以伪代码的形式描述了 GEM 布局算法的主要过程。GEM 布局算法的思想主要来源于冷却系统，它定义了以下"事实"：对于每个结点，它的局部温度取决于它的旧有温度及它"摆动"的趋势。如果算法判断结点当前运动趋势不是向着接近"最终"位置的方向，则局部温度升高，否则局部温度降低，全局温度是对所有结点的局部温度取平均值。全局温度表示了结构的稳定程度，当全局温度低于设定的阈值时，计算结束。在每次迭代中，结点都是随机选取的。实验表明，对于同样的中等规模图，GEM 布局算法的生成图质量要好于 Fruchterman-Rheingold 布局算法，略差于 Kamada-Kawai 布局算法，而 GEM 布局算法的速度明显优于 Kamada-Kawai 布局算法，是 Fruchterman-Rheingold 布局算法的几倍。

```
-Input:
-       G = (V,E) graph where
-       V = set of record
              ξ -- current position
              P -- last impulse
              t -- local temperature
              d -- skew gauge
        R_max maximal number of rounds [4|V|]
        T_max upper bound on local temperature [256]
        T_min desired minimal temperature [3]
- Output : for each v ∈ V, a position is computed
For all v ∈ V do
        Initialize v
While T_global > T_min and #rounds < R_max do
        Choose a vertex to upgrade;
        Choose v's impulse;
        Choose v's position and temperature;
End; - - GEM
```

图 3.7　GEM 布局算法的主循环程序

　　4. 数据统计模块

　　在网络的静态几何量之中，度、聚集系数等都具有局域性质，可以在网络表示中简单地求得。平均路径长度则与网络中任意两点的最短路径相关，因此，解决最短路径问题是网络上特征量计算的难点。在网络图中，可以通过广度优先搜索实现。广度优先搜索图的一种算法如下：给每一个顶点指定一个标记，标记值全都初始为 0，从某一个顶点开始，访问其所有的近邻，访问过之后，改变其标记值为 1；对于被访问到的近邻，同样先访问各自的近邻，并改变未被访问过的顶点（其标记值为 0）的标记值，直到所有的顶点都被访问。利用这一算法就可以求得从某一个顶点出发到所有顶点的最短距离。至于所有顶点之间的最短距离，可以简单地重复上述单元最短距离的算法，求得平均值。

## 3.2.4　实验样本的选取

　　实验样本，即软件系统的选择直接影响后续分析计算的准确性和可靠性。本节研究从开源软件下载网站 http://www.oschina.net 随机选取了 500 多个软件，软件的应用领域包含系统相关、网络互联、开发工具、多媒体和应用程序，基本覆盖大规模软件应用的各个方面。软件的编程语言包括 C、C++、Java、C#，其中有某些比较常用的软件的不同版本。由于只有具有一定规模的软件系统的网络拓扑才具有研究价值，经筛选后，用最后剩下的 300 余种不同的软件来构建样本数据库用于研究。

　　软件系统实验样本选取要求如下：

　　（1）软件系统必须至少拥有一个可运行的版本。

　　（2）软件系统代码文件数量不少于 200 个。

　　（3）软件系统必须由 C、C++或 Java 语言实现，且每种程序设计语言实现的软件系统都选取一定量，以便对比和分析普遍的规律。

　　（4）软件系统最好经过一段时间的应用考验，具有一定数量的正式发行版本。

　　综上所述，软件样本的选取满足统计学中数据采集的基本原则，保证了数据采集的质量，样本软件的特征可以反映出大规模软件总体的相应特征，为后面的分析做了准备工作。

## 3.2.5　软件网络的复杂网络特征及可视化

　　本节选取 6 个具有代表性的系统作为详细分析的对象，包含大型成熟开源软件及自主开发的大型仿真系统，软件的用户群规模比较大，应用的时间也比较长。用解析工具进行源代码解析和拓扑图的可视化构建，以观测其良好设计的内在特征。软件涵盖主要的应用领域：应用软件（VTK、DM、AbiWord、XMMS）、数据库（MySQL）、工业仿真（Wemux）。应用软件网络解析工具解析这 6 个系统，结果如表 3.1 所示。

表 3.1　软件静态结构网络拓扑特征度量实验样本数据

| 软件名称 | 样本数据 | | | | | | |
|---|---|---|---|---|---|---|---|
| | $N$ | $M$ | $\langle k \rangle$ | $\gamma$ | $C$ | $d$ | Coreness |
| VTK | 786 | 1372 | 3.93 | 2.61 | 0.14 | 4.52 | 5 |
| DM | 187 | 238 | 3.55 | 2.45 | 0.4 | 4.3 | 4 |
| AbiWord | 1093 | 1817 | 3.28 | 2.73 | 0.13 | 5.05 | 4 |
| XMMS | 971 | 1798 | 3.88 | 2.64 | 0.08 | 6.35 | 5 |
| MySQL | 1497 | 4186 | 5.99 | 2.54 | 0.21 | 5.46 | 9 |
| Wemux | 278 | 842 | 3.34 | 1.35 | 0.19 | 4.77 | 6 |

注：$N$ 为软件静态结构网络中的结点数；$M$ 为边数；$\langle k \rangle$ 为平均结点度；$\gamma$ 为度分布系数；$C$ 为网络聚集系数；$d$ 为平均路径长度；Coreness 为网络核数。

从表 3.1 可以看到，大规模软件系统的静态结构与许多复杂系统一样，都具有复杂网络的特征。对于规模为 $N$ 的软件网络，聚集系数都远远大于 $O(N^{-1})$，说明网络具有高集聚特性；平均路径长度相对于网络规模来说很小，表明软件网络具有小世界网络特性；软件网络结点度分布皆为幂律分布，体现了软件网络的无尺度特性。正是这些特征决定了软件结构的功能特性，通过特征量分析，提供了一种研究软件中结构信息的重要手段。许多复杂网络研究领域的成果都可以运用到对软件结构的度量和分析中去。

通过可视化输出，6 种软件系统的拓扑网络图如彩图 4 所示，从图中可以直观地看出，多数结点的连接数很少，而少数结点的连接数非常多，大规模软件结构在空间上呈现出与随机结构截然不同，却与生态网络相似的无尺度复杂网络特征，这表明软件系统也是复杂网络的一个子集。拓扑也反映了软件设计思想，如基类被大量引用，专用类则较少被用到；数据库系统明显被分为数据库引擎和管理系统两部分等。根据彩图 4 也可对系统整体进行粗略评价，如孤立结点的系统无关性、密集结点的重要性等。

## 3.3　本章小结

本章阐述了在软件系统中存在着网络结构，可通过静态结构的网络化映射构造软件网络作为分析研究的前提，其为利用复杂网络理论方法对软件结构特性进行度量提供了理论依据和解决思路。

本章主要内容如下。

（1）复杂网络特征量为量化分析软件静态结构提供了可度量的方法。通过分析一些网络模型的概念和性质，可以为软件静态结构网络拓扑的研究提供参考。

（2）设计并实现了一个软件静态结构的网络化解析工具。通过这个工具将软件系统的源代码转化成软件静态结构的网络拓扑形式并实现可视化，在复杂网络视域下观察分析软件系统由理论性转化为实际可操作性。解析工具提高了软件系统网络特征提取的效率，建立大量开源软件结构信息样本库，为软件结构特征量的计算、分析提供了有力的支持。

（3）对 6 种设计良好、有代表性的开源软件进行解析度量，得出的实验数据表明：软件系统作为人工设计和实现的复杂系统，其静态拓扑结构表现出复杂网络的特征，同时具有小世界网络特性、无尺度网络特征及层次化特征。可通过软件网络可视化图对软件结构特征进行直观了解，对系统整体进行粗略评价。

## 参 考 文 献

[1] XU J M. Theory and application of graphs[M]. Boston: Kluwer Academic Publishers, 2003.

[2] SOLÉ R V, FERER-CANCHO R, MONTOYA J M, et al. Selection, tinkering and emergence in complex networks[J]. Complexity, 2002, 8(1): 20-33.

[3] VAN HEESCH D. Doxygen [EB/OL]. (2008-6-10)[2019-2-21]. http://www.doxygen.org.

[4] 吴鹏, 李思昆. 适于社会网络结构分析与可视化的布局算法[J]. 软件学报, 2011, 22（10）: 2467-2475.

[5] 陈璐, 陈连杰, 欧阳文, 等. 基于环形结构的配电网联络图布局算法[J]. 电力系统自动化, 2016, 40（24）: 151-156.

[6] 徐春艳, 康健初, 金毅, 等. 针对大型局域网拓扑图的布局算法[J]. 微计算机信息, 2009, 25（30）: 93-94.

[7] 汤颖, 汪斌, 范菁. 节点属性嵌入的改进图布局算法[J]. 计算机辅助设计与图形学学报, 2016, 28（2）: 228-237.

[8] GOLDOVSKY L, CASES I, ENRIGHT A J, et al. BioLayoutJava[J]. Applied bioinformatics, 2005, 4(1): 71-74.

[9] MOYA-ANEGON S C I G F, VARGAS-QUESADA B, CHINCHILLA-RODRIGUEZ Z, et al. Visualizing the marrow of science[J]. Journal of the American society for information science & technology, 2014, 58(14): 2167-2179.

[10] 刘飞, 孙明, 李宁, 等. 粒子群算法及其在布局优化中的应用[J]. 计算机工程与应用, 2004, 40（12）: 71-73.

[11] FRICK A, LUDWIG A, MEHLDAU H. A fast adaptive layout algorithm for undirected graphs[C]//Graph Drawing, DIMACS International Workshop. New Jersey, 1995.

# 第4章 软件网络静态结构特征分析

高效、低成本地开发出高质量的软件始终是软件工程人员孜孜以求的共同目标。目前，软件工程关于软件设计、理解的研究主要集中在软件开发方法学、程序设计范型和原则上，研究成果对软件工程发展起到巨大推动作用，但由于采用自底向上的构造方式，对真实软件内部特征描述、整体形态结构理解、设计原则对整体结构的影响则很少涉及。通过系统到网络的映射进行软件网络特征量和相关性的分析，可理解软件的内在属性及设计原则对软件最终形态的影响，为软件工程发展提供新的思路和研究基础。

与传统软件开发的"还原法"构造系统不同，复杂网络更强调全局和整体的观点。复杂系统往往在整体上涌现出新的特性，并且这些特性仅存在于系统层次上，在低层次和局部是观察不到的。它们不一定是开发人员有意造成的，却对系统质量的评价、复杂性度量、系统的进化起到重要影响，因此对其进行研究可以为理解软件系统提供有价值的视角和不同的研究维度。

## 4.1 度及度分布

由大量软件系统样本分析实验发现，数据呈现相似的变化趋势。本节以 4 个开源软件样本（Apache Tomcat-6.0.18、Kaffe-1.1.0、Plasma-source-0.1.8、VTK-2.0.0）作为实验数据源，利用第 3 章建立的软件网络模型和分析工具对这 4 个大型面向对象软件系统进行分析，并对它们的网络统计特性和一些结构指标进行度量和计算。

### 4.1.1 度分布分析

在软件静态结构网络拓扑中，度体现了结点的局部中心性，即对其邻点的相对重要性，而结点的度分布表述了拓扑图中每个结点的连接情况，体现了局部中心性在全局的分布，可用来描述网络的拓扑特征，从而区分不同的网络类型。

对 4 个软件样本的度分布进行研究的结果如图 4.1 所示，其中横纵坐标均为对数坐标，横坐标为结点度的对数，纵坐标为具有该结点度的结点数占网络系统总结点数的比例的对数，即一个随机选定的结点度恰好为对应数值的概率。"。"表示结点的度分布，即 $P(k) - k^{-\gamma}$；"+"表示结点的累积度分布，即 $p_>(k) = \int_{k'>k} P(k')k'$，且有 $P_>(k) \approx k^{-\gamma+1}$，其中 $k'$ 为度大于 $k$ 的结点。从图 4.1 中可看出，尽管各软件在功能、规模等方面有显著差异，但 4 个软件网络的结点度分布均呈现幂律分布，而且规模越大的软件幂律分布的特征就越明显。结点度分布的幂律分布特性表明其具有无尺度网络特征，由表 3.1 中计算数据可知，度分布系数 $\gamma$ 在 2.4~2.8 区间内，差别不大。无尺度网络是稳健而又脆弱的[1]，图中曲线都表现出"长尾"特征，绝大多数结点的度值较小，但少数结点的度值很大，度值小的结点利于软件任务的分解，而度值大的结点是软件模块协作完成复杂任务的关键所在，只要有意识地去除网络中极少量度最大的结点就会对网络的连通性产生很大影响。

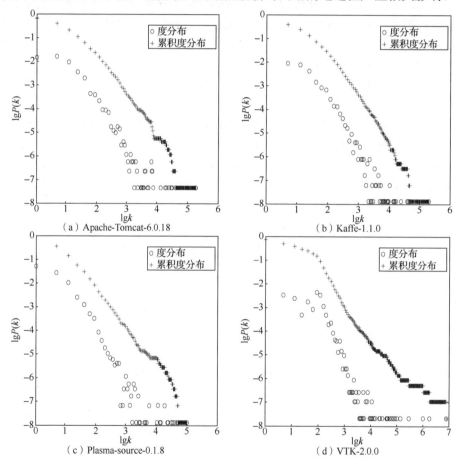

（a）Apache-Tomcat-6.0.18　　　（b）Kaffe-1.1.0

（c）Plasma-source-0.1.8　　　（d）VTK-2.0.0

图 4.1　结点的度分布（双对数）

### 4.1.2　出入度分布分析

在软件静态结构网络的有向无权拓扑中，每一个结点都拥有入度和出度。对于软件模块来讲，结点的入度越大，表明被依赖的程度越大，其重用程度越高；而结点的出度越大，表明其依赖其他结点的程度越大，其行为越复杂。

进一步研究 4 种软件网络的入度和出度分布 $\mathrm{corr}(k_{\mathrm{in}}, k_{\mathrm{out}})$，结果显示它们大致

服从幂律分布，但是幂律分布的指数不同，如图 4.2 所示，类似的结果在文献研究中也有报道[2,3]。对于这种差别产生的原因，研究人员大多猜测与软件开发过程中的设计规则和决策有关。Myers 描述可能是软件开发中鼓励重用导致入度分布系数较小，所以曲线衰减得较慢；而 Valverde 描述这可能与软件开发要求降低开发成本的目标有关[4]。从软件开发的过程来看，自顶向下、逐步求精进行分析，自底向上、逐步组合构造系统，由于分层设计的限制，结点的入度和出度比应保持在一个合理的水平范围，而且结点的出度越大，出错的概率也会越大。因此，对整个系统来说，结点的出度分布曲线衰减得更快，即拥有较大出度的结点会减少。与入度相比，出度分布系数会相对大些。

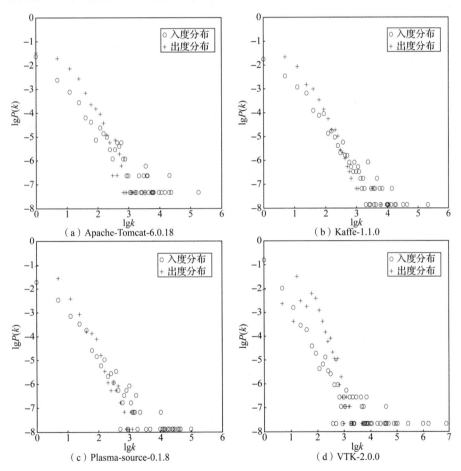

图 4.2　结点的入度和出度分布（双对数）

### 4.1.3　出入度分布相关性分析

通过研究同一结点的出入度可了解该结点在软件结构中扮演的角色。图 4.3

为 VTK 软件静态结构网络拓扑结点出入度散点图,横坐标为入度数值,纵坐标为出度数值。从图 4.3 中可以明显观察到,同时具有较小入度和出度的结点占据了结点总数的绝大部分;具有较大入度的结点其出度较小,而具有较大出度的结点其入度较小。出度大的结点是依赖于其他模块完成职责的"聚合"模块,这样的模块内部结构较为复杂,其行为是多变的。而被频繁复用的入度大的结点通常是有重要作用的基础模块,这样的模块内部结构较为简单,其行为相对固定,对其进行修改,通常会对系统造成较大的影响。从图 4.3 中还可看出,入度最大值远大于出度最大值,这是因为基础模块和设计优秀的模块会得到更多的重用,而不允许有内部结构复杂度过高的模块存在,过多依赖于其他模块完成职责的模块达到一定复杂度时会被分解。

当一个结点既拥有较大的出度又拥有较大的入度时,它便同时拥有了复杂性和高复用的特征(如图 4.3 中点①)。迫于设计和实现的压力,软件工程往往要求系统中每个模块的设计是简单有效的,因此同时拥有大的出度和入度的结点模块对软件系统来说具有潜在的隐患,如果该模块中存在错误,这个错误会被放大影响到整个系统,从而造成系统的可维护性和可修改性下降。对这样的模块,应尽量减少或进行重构。通过对大量软件系统样本的解析发现,这一规律是普遍存在的,同时也是符合软件工程设计原则的。因此,通过结点出入度相关性分析,可以初步评价一个类在软件结构中的连接设计是否存在缺陷。

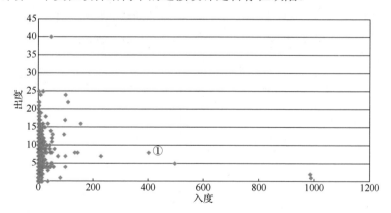

图 4.3　VTK 软件静态结构网络拓扑结点出入度散点图

## 4.2　层次性分析

传统软件工程认为软件体系结构是分层次的,是由使用最基本的材料开始,到认识常用基础构件,再到组装和构造整体框架的发展过程。基于此,软件设计模式指导开发的具体过程，但只对软件结构层次性的特征进行定量描述，尤其是未能对大规模软件开发过程中出现的自组织的层次性进行深入探讨，则会对层次性及软件理解、测试、度量、质量等方面的影响所知甚少。为保证样本的合理性，本节以 4 个开源软件样本（Linux、Firefox、MySQL、VTK）作为实验数据源，对软件网络结构层次性进行分析，并对特征量的统计特性进行研究。

### 4.2.1　簇度相关性分析

聚集系数体现了网络的局部特征，多数实际网络具有明显的聚集效应，尽管它们的聚集系数远小于 1，但比随机网络的聚集系数大很多。大的聚集系数对产生小的平均路径长度有着重要影响，因此可以将 $C$ 看作网络聚集性的度量。

图的高聚类性表明软件拓扑在局部可能包含各种由高度连接的结点构成的子图，而这正是出现单个功能模块的前提。这意味着优秀的模块化设计思想在软件拓扑分析中得到了验证。无尺度网络性质和模块性看起来似乎是矛盾的，近年来的研究揭示了复杂网络是以高度模块化的方式组织的，聚集系数与度之间的关系 $\mathrm{corr}(c_i, k_i)$ 遵循 $C(k) \text{-} k^{-1}$ 是系统出现层级结构的标志[5]，复杂网络具有层级结构和无尺度双重特征。图 4.4 为 4 种软件的 $C(k)\text{-}k$ 关系对数坐标图，$C(k)$ 从 $k$ 很小时的平坦特性到随着 $k$ 增大迅速变化到 $k^{-1}$，$k^{-1}$ 出现表明存在层级结构，与软件设计中控制复杂性的分层手段相对应。软件结构中的层次性设计是解决软件复杂性的一种必要方法，同时也是软件结构复杂性的一个重要的表现方面。

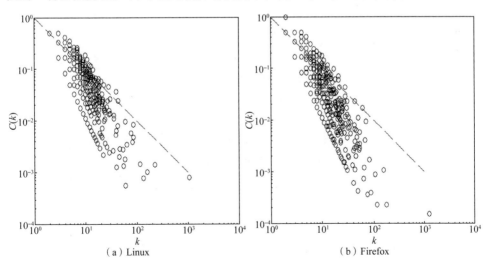

（a）Linux　　　　　　　　　　　（b）Firefox

图 4.4　软件静态结构拓扑中的簇度相关性

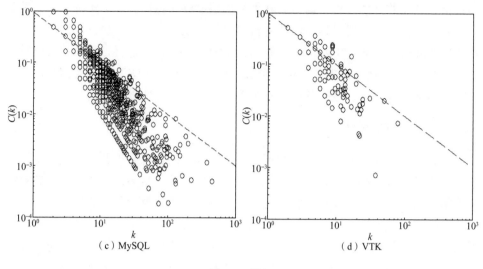

（c）MySQL　　　　　　　　　　　　（d）VTK

图 4.4（续）

### 4.2.2　介度相关性分析

介数是衡量网络拓扑的重要指标，结点的介数衡量了网络中通过该结点的最短路径的数目。介数也反映了网络中结点影响力的大小，网络关键路径上的结点介数较大。在软件系统中，介数较大的结点在系统中起着重要的作用，也承担了较多的责任，这样的模块出现问题会对整个系统产生较大影响。

图 4.5 描述了结点介数与度数的分布相关性 $\mathrm{corr}(B_i, k_i)$，将相关性系数标记为 $\gamma^{bc\sim k}$。在软件中介度相关性呈现两种比较明显的模式，相关性系数 $\gamma^{bc\sim k}$ 较大的网络拓扑较多呈现为整体网状结构，即使存在几个大的划分，划分之间也通过较多的边和结点连接到一起，度数越多的结点就有机会拥有越高的介数，如 VTK、Firefox 软件系统静态结构网络拓扑介数和度数的相关性系数在 0.5 左右；相关性系数 $\gamma^{bc\sim k}$ 小的网络拓扑较多表现为层次划分，由少量的结点承担了层次间主要的连接作用，不同层次之间的结点通过这些结点协作，而这些少数结点往往度值不一定特别高，因此介度相关性也就不是特别明显，在 0.1 左右，如在 MySQL 的网络图中可明显看出系统的两个主要划分，只有少量的几个度值不高的结点承担着重要的连接。

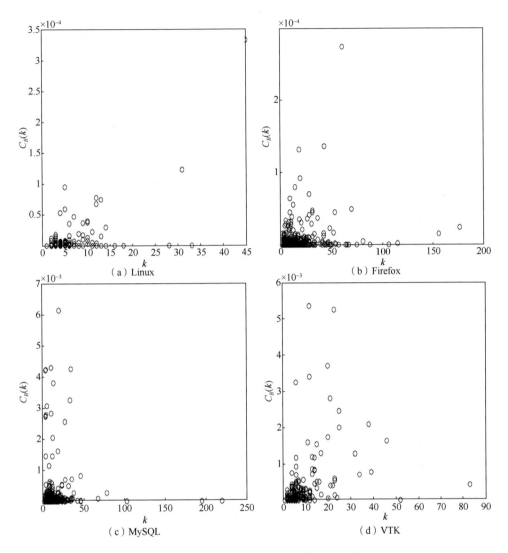

图 4.5　软件静态结构拓扑中的介度相关性

## 4.3　效率和连接倾向分析

　　从整体上看，效率和结点连接倾向描述了软件网络结构的全局特性，它们的分析有助于全面理解软件系统局部和整体的关系，以及全局特性对软件系统的影响。

### 4.3.1　网络效率分析

　　平均路径长度体现了网络的全局特性，对多数系统来说，短的路径意味着快速的信息交流和高效的系统调用。计算 VTK、AbiWord、DM 和 MySQL 这 4 个软件的结点平均路径长度，其分布如表 3.1 所示。由表 3.1 可知，各系统的 $d$ 值与随机网络的 $d_{rand}$ 值非常接近，尽管软件网络的 $d$ 与随机网络的 $d_{rand}$ 不完全一样，但可看出软件网络具有和随机网络相似的小的平均路径长度，这意味着不同结点（类）间存在高效的信息交流。如图 4.6 所示，4 个软件结点平均路径长度的分布均近似服从泊松分布。这说明不同软件系统中大多数结点的平均路径长度都差不多，VTK、AbiWord 在 5 左右，DM、MySQL 在 2 左右。平均路径长度比较小的结点在整个网络中具有很大的影响力，而平均路径长度比较大的结点比较孤立。现已发现不论结点数目多少，Internet、社会网络等都具有小的平均路径长度，社会网络的"六度分割"理论进一步证明该网络的平均路径长度小于 6，因此可以将 $d$ 看作网络伸展性和紧密型的测度。

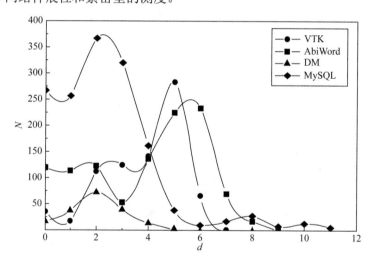

图 4.6　4 个软件网络的平均路径长度分布

### 4.3.2　连接倾向分析

　　研究表明，Internet 中少量的结点具有大量的边，它们倾向于彼此互相连接[6]。为了解软件网络中邻近结点度分布的关系，即网络中一条边的两个端结点的度分布特性的关联性（或称匹配混合性），同配性系数是一个重要的度量。

【定义 4.1】　网络中结点间的关联性质可以用同配性系数来刻画[7]:

$$r = \frac{E^{-1}\sum_i j_i k_i - \left[E^{-1}\sum_i \frac{1}{2}(j_i + k_i)\right]^2}{E^{-1}\sum_i \frac{1}{2}(j_i^2 + k_i^2) - \left[E^{-1}\sum_i \frac{1}{2}(j_i + k_i)\right]^2} \tag{4.1}$$

式中，$j_i$ 和 $k_i$ 分别为第 $i$ 条边的两个顶点的度；$E$ 为网络中边的数目。

　　若 $r > 0$，则网络为同配网络；若 $r < 0$，则网络为异配网络；若 $r = 0$，则网络为随机网络。同配性系数体现网络结点的连接倾向，同配网络中高度结点倾向于和高度结点相连，异配网络中高度结点则倾向于和低度结点相连。

　　对近 200 个软件样本进行分析，计算每个软件的同配性系数。图 4.7 显示了分布在不同的同配性系数中的软件样本的个数。可以看出，近 200 个软件中 80% 以上的软件的同配性系数 $r < 0$，只有少数软件的同配性系数 $r > 0$。这说明多数软件是异配的，只有少数软件是同配的。进一步研究发现，在近 200 个真实的软件中，当总结点数超过 1000 后，软件网络都是异配网络，在这些软件中，低度结点被认为是软件中职责相对简单的模块，这意味着它们聚合了较少的其他元素，利于软件任务的分解；高度的结点则比较复杂，是软件模块协作完成复杂任务的关键所在。

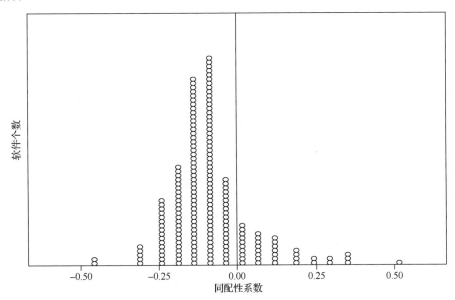

图 4.7　软件样本同配性系数的分布

　　同配性系数可作为软件测试、优化的依据。软件工程要求系统中每个模块都尽可能设计得简单有效，如果判断出某个软件网络是同配的，则该系统中两个相互连接的高度结点模块可能会引起系统的问题，造成可维护性和可修改性下降。对于这样的模块，需要进行重构。

# 4.4　基于构造特征的系统结构复杂性

在软件网络中，结点度反映了结点在网络中的重要性，一直以来都被作为判断网络结构复杂度的重要指标。虽然结点度并不能反映该结点对其他非直接关联结点的影响力及对整个有向网络的贡献，但是该指标对评价某个类或模块的构造代价非常有用。本节以 4.1 节的 4 个开源软件样本为例，基于拓扑特征构建新的软件结构复杂性特征量，用来表述和分析软件网络的复杂性。

### 4.4.1　影响度及分布

【**定义 4.2**】　设 $x, y \in V(G)$，$D(x)$ 表示图 $G$ 中可以到达 $x$ 的所有结点（不包括 $x$）的集合。如果从 $y$ 到 $x$ 有一条任意长度的有向路，那么称 $y$ 可以到达 $x$。结点 $v$ 的影响度定义为集合 $D(v)$ 中元素的个数，记为 $R_G(v) = |D(v)|$。

与结点的度不同，影响度反映了直接或间接引用给定类的总数，刻画出结点对整个软件网络的影响程度，能更好地刻画出结点的重要性。影响度较大的结点，引用它的类较多，它被重用的次数也较多，构成可重用部分的基础，处于软件结构中的较高层。同时，因为相对简单、易重用的类一般被功能强大、复杂的类引用，所以影响度较大的类一般来说构造复杂度较低。从软件缺陷估计的角度看，如果类 $v$ 失效了或者由于产品需求变化而需要修改，那么最坏情况下会导致 $|D(v)|$ 个类也失效或者需要修改，从而导致整个软件系统失效或无法满足产品最新需求。因此，如果一个类影响度较大，其导致整个软件系统出错或失效的概率也是比较大的。

图 4.8 显示了 4 个软件系统中结点的影响度分布。其中，$x$ 轴表示结点的影响度，$y$ 轴表示对应的影响度在软件系统中出现的频率。从图 4.8 中可看出，在这 4 个软件系统中，影响度越小，其结点个数越多；影响度越大，其结点个数越少。分别有 853、1480、1528、1098 个结点的影响度为 0（分别占各自软件系统中结点总数的 56%、56%、59%、52%），它们是系统中比例最多的结点，又是软件系统中结构最为复杂的结点；而软件系统中小部分的结点都被其他结点调用或引用至少一次，而且结点影响度越大，出现的频率就越低。这些影响度大的结点出现的频率虽然很低，但是其他结点都是直接或间接由引用这部分影响度大的结点"发展"而来的，从而使影响度处于中等的结点数目累积性增加。接着，这些影响度处于中等的结点又大量地被影响度很小的结点引用，从而形成数目较多的

影响度大的结点群体。这体现了软件的构造性特征和自顶向下的设计原则。

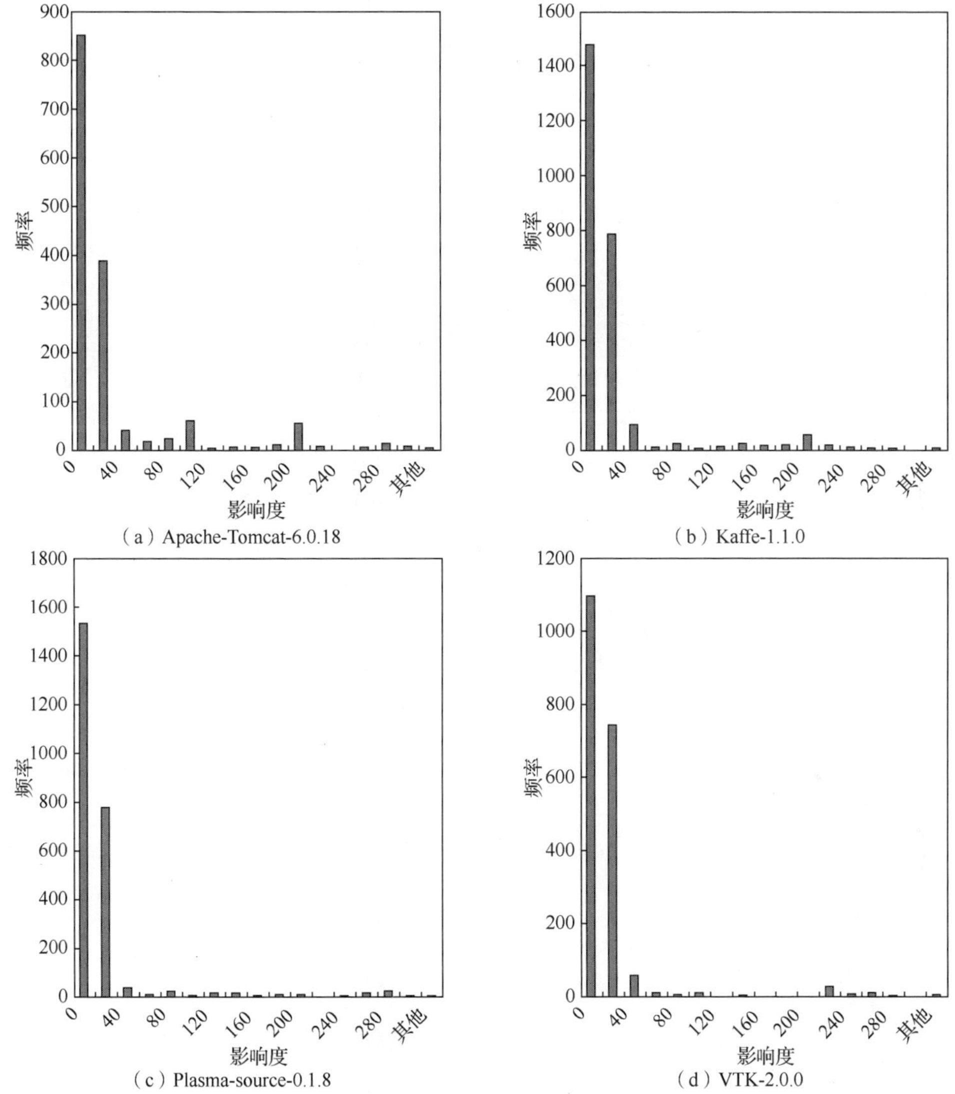
频率
影响度
0
40
80
120
160
200
240
280
其他
（a）Apache-Tomcat-6.0.18
（b）Kaffe-1.1.0
（c）Plasma-source-0.1.8
（d）VTK-2.0.0

图 4.8　4 个软件系统中结点的影响度分布

### 4.4.2　依赖度及分布

**【定义 4.3】**　设 $x, y \in V(G), T(x)$ 表示图 $G$ 中 $x$ 可以到达的所有结点（不包括 $x$）的集合。如果从 $x$ 到 $y$ 有一条任意长度的有向路，那么称 $x$ 可以到达 $y$。结点 $v$ 的依赖度定义为集合 $T(v)$ 中元素的个数，记为 $R_G(v) = |T(v)|$。

依赖度反映了给定类直接或间接依赖的类的总数，刻画出结点对整个图或网

络的依赖程度。功能强大、复杂的类一般要依赖先前构造好的结构相对简单、易重用的类，相对简单、易重用的类一般要被功能强大、复杂的类引用。结点的依赖度越大，它依赖的其他类就越多，它的功能越强大，结构也越复杂，处于软件结构的较低层，构造它所花费的代价就越大，构造复杂度就较大，同时出错的概率也会越高；结点的依赖度越低，说明它依赖的其他类数目就越少，它的功能越简单，结构也越简单，处于软件结构的较高层，构造它所花费的代价就越小，构造复杂度就越小。从软件缺陷追踪的角度看，如果在类 $v$ 中发现了缺陷，而不知道产生缺陷的源点在哪，那么 $|T(v)|$ 就是最坏情况下开发人员需要检测的类或模块的个数。因此，如果一个类依赖度较大，其潜在出错的概率就比较大，因为可达集合中任意一个类出现问题或失效都会影响到它。

　　图 4.9 显示了 4 个软件系统中结点的依赖度分布。其中，$x$ 轴表示结点的依赖度，$y$ 轴表示对应的依赖度在软件系统中出现的频率。从图 4.9 中可看出，在这 4 个软件系统中，依赖度越小，其结点个数越多；依赖度越大，其结点个数越少。在这 4 个系统中，分别有 397、807、574、562 个结点的依赖度为 0（分别占各自系统中结点总数的 26%、28%、22%、26%），它们构成了系统可重用部分的基础，并处于软件系统的较高层；而软件系统中大多数的类至少依赖一个其他类（即 $|T(v)| > 0$），而且结点依赖度越大，出现的频率就越低，且它们处于软件系统较低层，这体现了软件的构造性特征和自顶向下的设计原则。

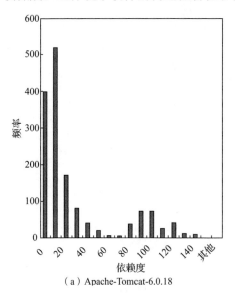

（a）Apache-Tomcat-6.0.18

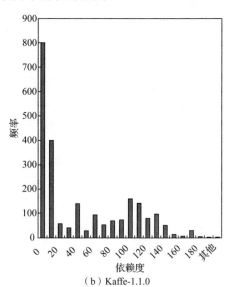

（b）Kaffe-1.1.0

图 4.9　4 个软件系统中结点的依赖度的分布

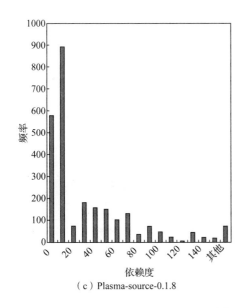

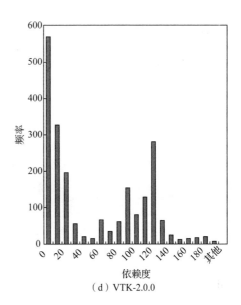

（c）Plasma-source-0.1.8　　　　　　　　　（d）VTK-2.0.0

图 4.9（续）

### 4.4.3　系统结构复杂度

　　影响度及分布和依赖度及分布的研究，可以更好地给研究软件的引用继承结构和依赖结构提供依据，如分析出问题的类及其数量、查找或定位其设计的缺陷等，而这是传统的度量方法如基于类的入度和出度，即直接引用继承和直接依赖所无法实现的。同时，影响度及分布和依赖度及分布的研究也为研究软件系统复杂性、了解软件系统的结构、认识软件结构的本质提供了理论依据。

　　【定义 4.4】　系统平均影响度表示为

$$|D|_{\mathrm{avg}} = \frac{\sum_{i=1}^{|v|} |D(v_i)|}{|v|} \qquad (4.2)$$

式中，$v$ 表示软件网络中结点的个数；$|D(v_i)|$ 表示结点 $v_i$ 的影响度。

　　系统平均影响度能够很好地描述软件系统类之间的直接和间接引用或继承关系，从而反映系统结构的复杂程度。系统平均影响度越大，其构造复杂度也越大；系统平均影响度越小，其构造复杂度也越小。

　　【定义 4.5】　系统平均依赖度表示为

$$|T|_{\mathrm{avg}} = \frac{\sum_{i=1}^{|v|} |T(v_i)|}{|v|} \qquad (4.3)$$

式中，$v$ 表示软件网络中结点的个数；$|T(v_i)|$ 表示结点 $v_i$ 的依赖度。

系统平均依赖度能够很好地描述类之间的直接和间接依赖关系，从而反映其结构的复杂程度。系统平均依赖度越大，其构造复杂度越大；系统平均依赖度越小，其构造复杂度越小。

系统平均影响度和系统平均依赖度均能影响系统的构造复杂度，综合引用、依赖关系考虑软件系统结构复杂度，考虑两者的平行性，给出如下软件系统结构复杂度计算公式。

**【定义 4.6】** 系统结构复杂度表示为

$$C(s) = |D|_{avg}(s) + |T|_{avg}(s) \qquad (4.4)$$

式中，$|D|_{avg}(s)$ 表示软件系统 $s$ 的平均影响度；$|T|_{avg}(s)$ 表示软件系统 $s$ 的平均依赖度。

图 4.10 显示了在 265 个开源软件样本中，绝大多数软件的系统结构复杂度小于 700，结构复杂度大于 700 的软件只有 4 个，占所有软件的比例为 1.51%，因此我们有理由对结构复杂度大于 700 的软件系统的设计的合理性提出质疑。由这些数据分析可以得出结论，系统结构复杂度大于 700 的软件，由于系统结构复杂度比较大，系统中结点间的相互连接比较紧密，相互影响比较大，一个类出问题，很容易放大和扩散其本身的缺陷；同时，类很容易由于其他类的出错而出错，从而导致整个软件出现问题。这种系统结构复杂度大于 700 的软件的稳健性都比较差，因为一个或少数几个类的设计不当很容易导致整个系统崩溃，从而严重影响软件的稳健性。

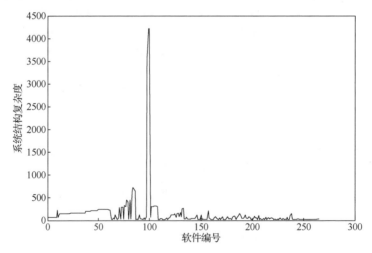

图 4.10　265 个开源软件系统的结构复杂度

# 4.5 基于软件结构熵的系统结构复杂性

4.4 节通过结点度的构造，从局部到整体构造出系统结构复杂性的测度。本节引入熵的概念，从系统结构整体出发，通过系统有序性的研究，建立软件系统拓扑结构复杂性的定量描述。

## 4.5.1 熵理论

熵最初是作为热力学概念引入的，用于度量系统能量分布的均匀性，可以表示系统所处状态的无序程度及系统表化的方向或趋势。熵理论指出，在系统分析中，熵值越小，表明系统的有序性越强或者说系统越有序。由热力学第二定律可知，孤立系统中进行的自发过程总是沿着熵增加的方向进行，它是不可逆的，平衡态相当于熵的最大值状态[8]。

对开放系统而言，熵的变化 $\mathrm{d}S$ 由两部分组成：一部分是由系统内部不可逆过程引起的熵增加 $\mathrm{d}_i S$（即系统内部产生的熵）；另一部分是由系统与外界之间交换物质和能量引起的熵流入 $\mathrm{d}_e S$。所以整个开放系统熵的变化 $\mathrm{d}S$ 可表示为

$$\mathrm{d}S = \mathrm{d}_i S + \mathrm{d}_e S \qquad (4.5)$$

在封闭系统中，根据热力学第二定律，有 $\mathrm{d}_i S > 0$，又因为 $\mathrm{d}_e S = 0$， $\mathrm{d}S > 0$，所以系统的信息量减少，结构组织化程度降低，即走向无序。

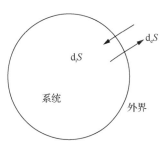

如图 4.11 所示，在开放系统中，其熵的变化 $\mathrm{d}S$ 不仅和 $\mathrm{d}_i S$ 有关，还和 $\mathrm{d}_e S$ 有关。 $\mathrm{d}_i S$ 虽然总是为正，但是 $\mathrm{d}_e S$ 是可以为负的（系统从外界环境中输入负熵），即负熵流。因此，开放系统熵的变化 $\mathrm{d}S$ 不一定大于零，它也可以等于或小于零。当负熵流 $|\mathrm{d}_e S| > \mathrm{d}_i S$ 时，系统的熵的变化 $\mathrm{d}S$ 可以小于零，即 $\mathrm{d}S < 0$，随着系统的熵

图 4.11 开放系统的熵变化

不断减少，系统的信息量增加，结构组织化程度增加，即有序度增加。

由以上论述可知，熵是系统的一个状态函数，熵的变化与系统进化的方向有密切关系，可以作为系统进化的重要判据。熵的宏观意义表示系统能量分布的均匀度，能量分布越不均匀，熵就越小，反之则越大。若系统的能量完全均匀分布，则系统熵最大，对应着系统的平衡态。熵的微观意义表示系统组成单元的混乱程度，宏观自发过程总伴随着混乱程度的增加，熵也就越大；反之，系统越有序，熵就越小。在信息科学中，熵还可用来表示事物的不确定性。因此，熵作为系统状态的一种定量描述，能够用来表征系统的复杂性与有序度。熵作为描述复杂系统结构的物理量，在复杂系统理论中受到越来越多的关注，成为研究复杂系统的

一个重要工具[9]。

## 4.5.2　软件网络的标准结构熵

大型软件静态结构网络拓扑是一个无尺度网络，其中存在极少数具有大量连接的高度结点和大多数具有少量连接的低度结点。这种网络是不均衡的，表现为结点的度分布曲线呈指数递减形态。对软件网络而言，如果网络拓扑的结点是随机连接的，各个结点的度值大致相同，则认为网络是无序的。反之，如果网络拓扑存在极少数具有大量连接的高度结点和绝大多数具有少量连接的低度结点，结点分布存在明显的度值差异，结点的度分布是无尺度的，则认为这种网络是有序的。度分布系数 $\gamma$ 可以在一定程度上描述这种不均衡性。$\gamma$ 越大，度分布曲线下降越快，网络拓扑结构的不均衡程度就越明显。但是 $\gamma$ 只是对度分布曲线拟合的一个估计参数。实际上，在真实软件静态结构网络拓扑度分布图中，度分布曲线是一条相当不规则的曲线，而且可能并不是一条严格递减的曲线，即使是一条递减的曲线，通过在对数坐标系中拟合所得的度分布系数 $\gamma$ 也是不精确的。因此，度分布系数 $\gamma$ 不能作为结构有序度的度量。

信息熵是信息论中用于度量信息量的一个概念，用来表示物理系统运动状态的不确定性（无序性）。在信息论中，信息熵只会减少，不可能增加，这就是信息熵不增原理。系统的有序度越低，其信息熵越大；系统的有序度越高，其信息熵越小。因此，信息熵可作为系统有序程度的一个度量，根据信息熵与软件静态结构有序度的关系，可以利用信息熵的变化来描述系统在时间序列上的有序度的进化。信息熵 $H(X)$ 是随机变量 $X$ 的概率分布函数，也称熵函数，其定义为

$$H(X) = -\sum_{i=1}^{n} P(x_i) \ln P(x_i) \tag{4.6}$$

式中，$P(x_i)$ 为 $x_i$ 的概率分布，$i = 1, 2, \cdots, n$。

信息熵在无尺度网络中是不均衡的，称这种网络结构是有序的。根据信息熵的定义和 Barabási 的研究，将无尺度网络的结构熵定义为[10]

$$H = -\sum_{k=1}^{n} P(k) \ln P(k) \tag{4.7}$$

式中，$P(k)$ 为无尺度网络结点度的分布，即网络拓扑中度值为 $k$ 的概率；$n$ 为网络拓扑的结点总数。因为软件静态结构具有无尺度网络拓扑特性，所以结构熵 $H$ 可以作为描述软件静态结构有序度的度量。

网络结构熵与度分布的关系，就如同随机变量的数字特征与其概率分布函数的关系，两者是互为补充的。网络结构熵是由度分布确定的，网络结构熵可以更加精确简洁地度量软件静态结构的有序度。

根据最大熵原理，设无尺度网络中结点总数为 $n$，当网络完全均匀时，所有

结点的度值相同，令其为 $d$ ，则网络中所有结点的度之和为 $\sum_{v=1}^{n} d_v = nd$ ，那么所有结点的度分布都相同，为 $1/n$ 。将其代入无尺度网络结构熵的表达式，则无尺度网络拓扑最大结构熵的值为

$$H_{\max} = -\sum_{k=1}^{n} \frac{1}{n} \ln\left(\frac{1}{n}\right) = n \cdot \frac{1}{n} \cdot \ln n = \ln n \qquad (4.8)$$

即网络结构完全均匀、所有结点度值相同时，网络结构拓扑的结构熵最大值 $H_{\max} = \ln n$ 。

当网络拓扑结构表现为星形网络时，拓扑结构最不均匀，这时网络拓扑中只有一个中心结点，其度分布为 $1/n$ ，其余结点的度分布为 $(n-1)/n$ 。根据网络结构熵表达式，网络拓扑最小结构熵的值为

$$H_{\min} = -\left[\frac{1}{n} \ln \frac{1}{n} + \frac{n-1}{n} \ln\left(\frac{n-1}{n}\right)\right] \qquad (4.9)$$
$$= \ln n - n(n-1)\ln(n-1)$$

网络拓扑的结构熵、最大结构熵和最小结构熵的值与计算时所采用的样本量相关，因此根据统计样本所计算的值与所选取样本的结点数有关系，考虑消除网络拓扑的结点样本对计算结果的影响[11]，可得出如下网络拓扑的标准结构熵 $H_s$ 的定义。

【定义 4.7】　软件网络拓扑的标准结构熵表示为

$$H_s = \frac{H - H_{\min}}{H_{\max} - H_{\min}} \qquad (4.10)$$

式中， $H$ 为式（4.7）定义的网络拓扑的结构熵； $H_{\max}$ 为最大结构熵，即网络拓扑结构为完全均匀时， $H_{\max}$ 的值为 $\ln n$ ； $H_{\min}$ 为最小结构熵，即网络结构为星形时， $H_{\min}$ 的值为 $\ln n - n(n-1)\ln(n-1)$ 。

由第 3 章结论可知，大型软件静态结构拓扑表现出复杂网络的特征，是一种典型的无尺度网络。因此，可以用无尺度网络的标准结构熵 $H_s$ 来度量软件静态结构的有序度，根据式（4.7）～式（4.10），可以进一步将软件系统的标准结构熵 $H_s$ 定义为

$$H_s = \frac{\sum_{k=1}^{n} P(k) \ln P(k) - [\ln n - n(n-1)\ln(n-1)]}{\ln n - [\ln n - n(n-1)\ln(n-1)]}$$
$$= 1 - \frac{n\left[\sum_{k=1}^{n} P(k)\ln P(k) + \ln n\right]}{(n-1)\ln(n-1)} \qquad (4.11)$$

$H_s$ 为一个无量纲的值。

### 4.5.3　用软件结构熵认识软件结构复杂度

$P(k)$、$d$、$C$ 等特征量仅从单维角度描述系统结构的某部分特征，缺乏一个合适的特征量对结构整体特性进行描述，软件的复杂性是软件结构的宏观表征，无尺度和小世界特征在其上应都能得以体现，软件网络模型中结点度的分布隐含了多数结构的复杂网络特征。基于此定义的软件结构熵作为系统整体状态的一种定量描述，除可表述系统的有序度外，还可作为表征复杂性的依据，据此可定义反映软件结构复杂度的特征量。

**【定义 4.8】**　软件结构的复杂度（structure complexity，SC）可表述为结构的不确定性，根据式（4.9）由式（4.12）定义

$$SC = 1 - H_s \tag{4.12}$$

$H_s$ 越大，系统越无序，结构越均匀，结构不确定性越小，即复杂度 SC 越低；反之，复杂度 SC 越高。SC 与 $k$ 数值无关，一个软件系统各结点类的个体度特征差别越大，SC 值就越大，SC 值可以综合描述系统内各个特征值差别的严重程度或内部状态的丰富程度。

表 4.1 列出了 6 类 10 种不同的大型成熟开源软件的度分布系数 $\gamma$ 和结构复杂度 SC 的计算值。软件涵盖主要的应用领域：应用软件（VTK、DM、AbiWord、XMMS、JDK-A）、数据库（MySQL）、分布式系统（Mudsi）、游戏（ProRally）、操作系统（Linux）、工业仿真（Wemux）。从表 4.1 中可看出各软件结构上的相似特点，不论软件的规模和应用领域，各种软件网络都符合无尺度网络的特征，度分布系数和复杂度均很接近。由近 200 种开源软件的统计分析数据和文献[12]数据可知，这些特征量都有一个最佳的值域，在这个区域内软件的某项指标是比较合适的，这可能是因为软件开发过程中较好地应用了软件工程理论进行指导。据此可深入定义系统复杂度的判据，从而从整体和全局角度评价软件的质量。

表 4.1　10 种开源软件的度分布系数和结构复杂度实验样本数据

| 软件名称 | VTK | DM | AbiWord | XMMS | JDK-A | MySQL | Mudsi | ProRally | Linux | Wemux |
|---|---|---|---|---|---|---|---|---|---|---|
| $\gamma$ | 2.61 | 2.45 | 2.73 | 2.64 | 2.41 | 2.54 | 2.74 | 2.72 | 2.58 | 1.35 |
| SC | 0.616 | 0.611 | 0.734 | 0.713 | 0.623 | 0.656 | 0.649 | 0.721 | 0.746 | 0.684 |

10 种开源软件的度分布系数 $\gamma$ 和结构复杂度 SC 的关系如图 4.12 所示。当 $\gamma$ 逐渐增大时，$P(k)$ 衰减得很快，系统中结点的度分布越来越不均匀（异质化程度越高），因此 $H_s$ 趋向减小，SC 趋向增大（结构越有序）。

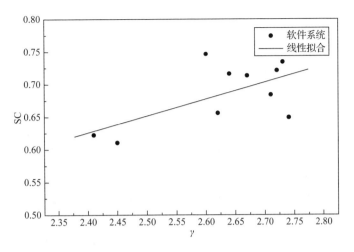

图 4.12  10 种开源软件的度分布系数和结构复杂度的关系

# 4.6  本 章 小 结

本章采用复杂网络的视角，从宏观层次上研究软件网络中的统计特征。使用第 3 章的度量解析工具，通过对大量设计良好的真实开源软件系统的实证研究，得出一些在传统软件工程和复杂网络领域都没发现的现象。

本章主要内容如下。

（1）软件网络拓扑具备复杂网络的特征，如小世界、无尺度等；同时也有自身独特的特性，这是由软件设计和开发的原则和实践经验所决定的。

（2）软件网络度分布符合幂律形式，通过同配性系数验证得到大多数软件网络结点连接具有异配性，且高入度的结点通常拥有较低的出度，高出度的结点通常拥有较低的入度；出度和入度同时很低的结点数量占优。

（3）簇度相关性表明软件存在层级结构；介度相关性分析表明软件结构具有日益明显的层次化特征，复杂的类并不倾向于依赖重用度较高（入度大）的类，而是与临界层功能相对简单的类进行交互。

（4）定义了基于构造特征的特征量影响度和依赖度，分析了它们的分布情况，并构建了一个新的特征量——系统结构复杂度来衡量系统的复杂性，为研究软件系统复杂性、了解软件系统的结构、认识软件系统本质提供了理论依据。

（5）引入熵作为系统状态的定量描述，表征系统的有序度和复杂性。据此根据结点度定义结构熵，从系统角度对结构的有序度和复杂性加以量化分析，形成软件结构复杂性和有序度的度量指标，为度量软件复杂性、分析软件进化规律打下基础。

# 参 考 文 献

[1] ALBERT R, JEONG H, BARABÁSI A L. Error and attack tolerance of complex networks[J]. Nature, 2000, 406(6794): 387-482.

[2] MOURA A P S, LAI Y C, MOTTER A E. Signatures of small-world and scale-free properties in large computer programs [J]. Physical review E, 2003, 68(1): 017102.

[3] VALVERDE S, SOLE R V. Hierarchical small worlds in software architecture[R]. Works paper of Santa Fe Institute, 2003, SFI/03-04-44.

[4] 何克清, 马于涛, 刘婧, 等. 软件网络[M]. 北京: 科学出版社, 2008.

[5] FRASER H B, HIRSH A E, STEINMETZ L M, et al. Evolutionary rate in the protein interaction network[J]. Science, 2002, 296(5568): 750-752.

[6] ZHOU S, MONDRAGON R J. The rich-club phenomenon in the internet topology[J].IEEE communications letters, 2004, 8(3): 180-182.

[7] NEWMAN M E J. Mixing patterns in networks[J].Physical Review E, 2003, 67(2): 026126.

[8] DING X Q, WU Y S. Unify entropy theory for pattern recognition[J]. Acta electronica sinica, 1993, 21(8): 1-8.

[9] BEONGKU A, SYMEON P. An entropy-based model for supporting and evaluating route stability in mobile ad hoc wireless networks[J]. IEEE communications letters, 2002, 6(8): 328-330.

[10] 谭跃进, 吴俊. 网络结构熵及其在非标度网络中的应用[J]. 系统工程理论与实践, 2004, （6）: 1-3.

[11] 徐峰, 赵海, 哈铁军, 等. 互联网中的标准结构熵的时间演化分析[J]. 东北大学学报（自然科学版）. 2006, 27（12）: 1324-1326.

[12] MYERS C R. Software systems as complex networks: structure, function, and evolvability of software collaboration graphs[J]. Physical review E, 2003, 68(4): 1-7.

# 第 5 章 软件网络的核结构及核数分析

当前，人们通过开发大规模软件来解决面临的越来越复杂的问题，同时大规模软件的复杂性又使软件开发者陷入开发困难、质量不可控的泥沼之中。软件工程的研究使开发者意识到，一个合理的结构能帮助开发者快速便捷地开发出柔性的、易扩展的、可维护性和可靠性都很强的良好系统，但是这个结构的微妙平衡仍很难去度量和实现。从软件设计的角度来说，软件的内部组织结构对软件质量的影响特别大，现代软件的高复杂性决定了对软件结构的研究应从宏观层面入手，将软件结构作为一个有机整体进行研究，这样可以避免过多纠缠于结构中的琐碎细节；而宏观层面上的层次性研究对软件结构的理解与控制具有至关重要的意义，一直是软件工程领域研究的重要问题[1]。

任何一个复杂系统均具有一个最小的基础结构，该结构是整个系统的一个子集，是构成完整系统的核心和基础，其正确性与合理性将对建立在其上的系统的整体特性造成直接影响。相对于整个系统而言，基础结构不仅具有元素少、关系简单、理解容易等优点，而且往往其特性能反映整体的特征，因此先理解基础结构，再逐层扩展，进而理解整个系统，成为理解一个大型复杂系统的有效手段。

本章基于复杂网络研究，利用 $k$ 核来分析大规模软件的潜在结构特性，并提出一种使用软件的核结构理解软件的方法，在简化软件结构的同时达到逐层理解一个软件组织结构的目的，从而帮助开发者更好地理解软件系统、指导测试、合理度量和有效评价。

## 5.1 软件的核结构

### 5.1.1 面向对象软件的结构

面向对象编程技术就是运用面向对象技术进行编程的技术，而面向对象技术是一种系统建模的技术，它提供了很多适用于系统建模的概念。基于面向对象技术，我们通过多个对象及其之间的关系去构建一个系统。无论什么类型的系统，我们都认为它们是由多个对象及其之间的联系构成的，而系统中含有什么类型的对象以及它们之间的关系如何则由系统所要解决的问题决定。由于缩小了系统模型与现实环境之间的语义差别，应用面向对象技术所构建的系统更加容易理解和应用。为了方便本章后面的讨论，下面给出面向对象技术中的几个关键概念[2]。

（1）对象（object）：一个对象包含一系列的操作及用于记录这些操作的效果的状态量。也就是说，一个对象就是一个可以记录自身状态的实体，并且它提供了可以检查或改变其状态的方法。

（2）类（class）：类是对象的一个模板，它描述了对应对象的内部构造情况，所有属于同一类的对象拥有相同的方法和内部结构。也就是说，类是用于生产对象的模板，它描述了其生成对象的共同属性。通常将一个对象所对应的类称为这个对象的类型。

（3）实例（instance）：一个实例是一个类所生成的对象，这个类描述了这个实例的结构信息，而这个实例的当前状态由这个实例所执行的操作决定。也就是说，在面向对象系统中，实例指属于特定类的一个对象。可以认为，类定义了对象的结构信息，而实例则确定了一个对象的状态。

（4）多态（polymorphism）：多态意味着信息的发送者不需要知道信息接收者所属的类，而接收信息的实例可以属于任意的类。也就是说，多态意味着一个对象可以关联多个不同的实例，而这些实例可以属于不同的类。多态所产生的一个结果就是一个方法可以在不同的类中赋予不同实现方式。

（5）继承（inheritance）：如果类 B 继承类 A，则类 A 所描述的结构信息将成为类 B 的一部分。也就是说，通过继承，类 B 中含有类 A 中所描述的信息，即类 B 复用了类 A。此时，类 A 称为类 B 的祖先，而类 B 称为类 A 的后代。如果类 B 直接继承类 A，又称类 A 为父亲，类 B 为孩子。继承机制是面向对象技术中一个重要的复用技术。

面向对象技术能够将模型和所要解决的问题直接对应起来，使其所构建的模型更易于理解。一个对象代表某个具有特定行为和属性的实体，任何对这个对象的访问只能通过其公开的接口执行。每个对象都是某个类的实例，这个类描述了其实例的行为和属性。多态的引入增加了定义类的灵活性，由于一个对象在与另一个对象建立联系时不需要知道其所属的确切类，可以在不改变其他类的情况下增加新的类。通过继承，可以基于一个已经存在的类去定义一个新类，从而简化了类的定义过程。

随着编程语言 Smalltalk 的成功应用，人们开始将面向对象技术应用于编程领域。基于 Smalltalk 语言，其发明人之一 Alan C. Kay 总结了面向对象编程技术的五大特征[3]。

（1）所有东西都是对象。理论上，我们可以在程序中用一个包含方法和属性的对象去代表我们所要解决的问题中的任何一个实体。

（2）一个程序是一些对象的集合，它们之间通过发送消息进行协作。具体地，我们可以认为消息就是调用指定对象的相应方法的一个请求。

（3）每个对象拥有一个由其他对象填充起来的内存区域。也就是说，我们可以通过包装已存在的对象去构建新的对象。因此，我们可以通过简单的对象去构建复杂的系统。

（4）每个对象都对应一种类型。这个类型规定了我们可以向这个对象发送什么样的消息。

（5）所有属于同一类型的对象都可以接收相同的消息。这意味着我们可以向不同的对象发送相同的消息而引发不同的动作。也就是说，我们可以请求一个对象，如"哺乳动物"，执行"跳跃"动作，而这个请求的响应可以由与"哺乳动物"属于同一类型的另一个对象（如"狗"）给出。这就是上面提到的多态的一个结果，是面向对象编程中一个非常重要的特性。

　　在面向对象编程的环境中，程序的基本单元是类，而两个类之间的关系主要有继承（inheritance）、合成（composition）和聚集（aggregation）3 种，其中合成和聚集又被称为"使用"关系。具有"使用"关系的两个类往往是不同类型的类，而具有继承关系的两个类属于同一类型。一个类中不仅包含该类的对象的信息，而且包含该类自身与另外的类的关系。继承关系利用"祖先"和"后代"的形式反映两个类之间的相似关系，其中祖先类也称为基类，而后代类也称为子类。在继承关系中，一个类的后代与其自身具有相同的类型，如图 5.1 所示，类"狗"继承类"哺乳动物"，则"狗"和"哺乳动物"都属于同一类型，即哺乳动物类型，理解这个等价性是理解面向对象编程的基础之一。

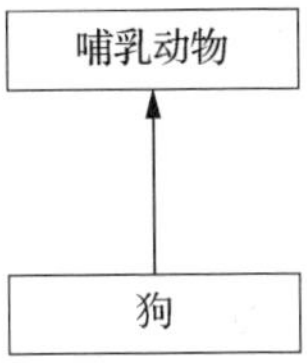

图 5.1　继承关系举例

　　基于继承关系，我们可以建立一个类型的层次体系结构，也称为类继承树，如图 5.2 所示。通过这个层次关系，我们可以将其中的对象均视为基础类型（如图中的"脊椎动物"类型）进行操作，而不是某一个类型。例如，我们可以向"脊椎动物"发出"跳跃"的请求，而不用关心这个对象如何进行"跳跃"动作，而这一点正是多态所带来的好处。

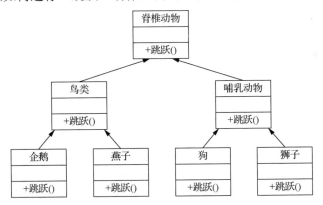

图 5.2　由继承关系构成的类继承树

　　基于类型的层次结构，如果我们在编程时都是针对各个层次结构的基础类型进行操作的，那么就可以在不改变原有代码的操作流程的情况下增加某个新的类型。以图 5.2 的类型层次结构为例，假设我们需要增加一个新的"哺乳动物"（如"兔子"）可以直接继承"哺乳动物"类，并实现具体的"跳跃"动作，如图 5.3 所示。在面向对象编程中，上述类型的层次结构的概念非常重要，因为扩展面向对象程序的一个最常用的方法就是增加新的类型，如图 5.3 中的"兔子"类，利用类型的层次结构可以使这种扩展变得简单而有效。

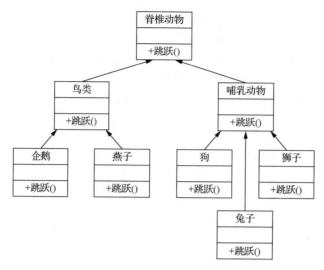

图 5.3　在类继承树中增加新类

顾名思义，面向对象软件就是运用面向对象编程技术所编制的软件。由于继承和多态的广泛运用，一个大型的面向对象软件中通常包含多个不同的类型层次结构，而整个软件就是由这些不同类型的元素及其相互之间的联系构成的。图 5.4 是一个简单的面向对象软件的结构，它展示了一个面向对象软件中不同的类型层次结构及其之间的联系。图中的虚线箭头表示使用关系，实线箭头表示继承关系。整个软件包含 3 个类型：网络图、布局器和控制器。其中，网络图和布局器都因为有各自的子类型而构成一个类型层次结构。原则上，也可以将控制器类型看成一个类型层次结构，只是这个类型的子类型为空。这样，整个软件可以看成由 3 个类型层次结构以及它们之间的关系构成。

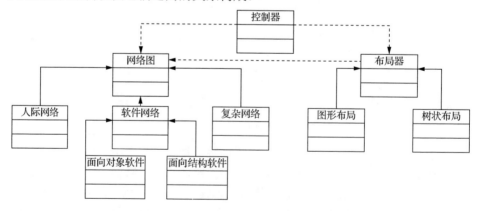

图 5.4　一个简单的面向对象软件的结构

另外，由于处于同一个类型层次结构中的所有类都可以看成同一个类型，可以说继承关系所表示的是同一类型元素之间的联系。相对地，使用关系所表示的就是不同类型元素之间的联系。如果仅考虑面向对象软件中的静态关系，那么面向对象软件中两个对象之间的联系可以分为以下两大类。

（1）同一类型之间的联系：由两个类之间的继承关系建立起来的联系。

（2）不同类型之间的联系：由两个类之间的使用关系建立起来的联系。

单从结构上讲，一个面向对象软件可以看成由许多对象以及上述两种联系构成的结构。如果将每个类型层次结构中的基类看成一棵树的树根，将各个子类看成由这个树根生出的枝杈，那么一个类型层次结构也可以看成一棵树，如图 5.5 所示，其中给出了图 5.4 所示软件结构中网络图的类型层次结构及其对应的树状结构表示。特别地，为了使树中的结点与类型层次结构中的类方便地对应起来，图 5.5 中的树是一棵倒立的树，其中箭头的方向由子类指向基类。这是由于在面向对象编程中，子类需要知道基类的信息，而基类不需要知道子类的信息。

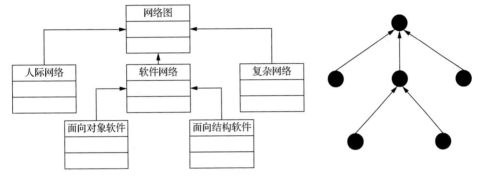

图 5.5　类型层次结构及其对应的树状结构

基于上述观点，一个面向对象软件的结构可以看成由多棵树及其之间的联系构成的一片森林。图 5.6 给出了图 5.4 中所示面向对象软件结构的森林化表示，图中用实线箭头表示继承关系，而用虚线箭头表示使用关系。

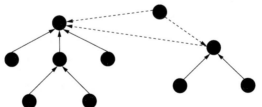

图 5.6　面向对象软件结构的森林化表示

理解一个复杂结构的最好方法是先理解它的基础结构，然后在其基础之上理解整个结构。所谓理解一个结构，就是要看清给定结构中各个元素之间的联系。例如，要理解一个网络的结构，先要看清这个网络中的主干网（基础结构）的结构，然后进一步理解各个分支网络的结构，理解一个大型的面向对象软件的结构的过程也是如此。大规模软件系统的基础结构由具有实现系统基本功能的元素（类或接口）组成，类之间的联系分为同一类型之间的联系和不同类型之间的联系两种。其中，同一类型之间的联系构成一棵树，即类继承树；而不同类型之间的联系相当于两棵继承树之间的关联。因此，要理解软件的基础结构特征，关键是要理解不同类型的类间的联系。

假设要研究一片森林中每棵树的枝杈与其他树的枝杈的接触情况，最理想的做法是先将每棵树的叶子和顶层枝杈去掉，直接研究其最下层的枝杈之间的接触情况，然后重复每棵树的生长过程，逐步研究新增枝杈与其他枝杈之间的接触情况。这样，当所有树都生长到原来的形态时，我们也就清楚了这片森林中每棵树的枝杈与其他树的枝杈的接触情况，即可完成整个研究过程。图 5.7 给出了上述做法的示意图。其中，图 5.7（a）为去掉叶子后森林中枝杈的结构。图 5.7（b）为去掉顶层枝杈后剩余的枝杈的结构，这时可以清楚地看见整个森林中每棵树最下层枝杈的接触情况。图 5.7（c）为每棵树完成一次生长后的枝杈的结构，此时可以在图 5.7（b）的基础上看清现在的枝杈接触情况。由于此时所有树都已经生长到图 5.7（a）中所示的状态，图 5.7（c）中枝杈的接触情况也是整个森林中枝杈的接触情况。显然，在这个过程中，我们将图 5.7（b）所示的结构作为原始结构的基础结构，并且基于其研究整个结构。

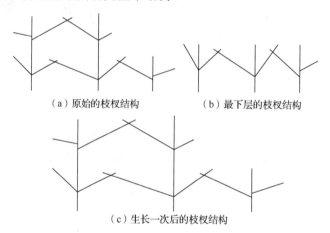

（a）原始的枝杈结构　　　　　（b）最下层的枝杈结构

（c）生长一次后的枝杈结构

图 5.7　枝杈接触情况的研究过程示意图

由于面向对象软件的结构可以看成由多棵树及其之间的联系构成的一片森林，其中每棵树中的对象都属于同一类型，要理解其不同类型之间的联系就相当于要理解这片森林中不同树之间的联系。类比于上面的假设，可以通过类似的方法看清上述联系。因此，理解一个面向对象软件结构的主要流程可以归纳如下。

（1）抽取每个类型中的最顶层基类及其之间的联系。

（2）理解经步骤（1）得到的结构。

（3）对于结构中的每个类，如果它有子类，则在结构中增加这个子类及其与结构中已经存在的各类之间的联系，这个过程称为一次扩展。

（4）理解经步骤（3）得到的结构。

（5）重复步骤（3）和步骤（4），直到所得到的结构不再发生变化为止，即所得结构已经是整个面向对象软件的原始结构。

类似地，在上述流程中，我们将第一步所得到的结构作为面向对象软件的基础结构，其在理解一个面向对象软件的结构的过程中具有非常重要的作用。图 5.8 给出了理解一个面向对象软件的结构的例子，其中，整个软件中共有 11 个类，虚线箭头表示使用关系，实线箭头表示继承关系。图 5.8（a）是原始的软件结构。图 5.8（b）是整个软件中最顶层基类及其之间的联系所构成的结构，从中可以清楚地看出，整个软件中一共有 4 个类型，其中，类型 2 "使用" 了类型 1 和类型 3，类型 3 "使用" 了类型 1，类型 4 为孤立点。图 5.8（c）为图 5.8（b）经过一次扩展后所得到的结构，特别地，经过这次扩展后，类型 4 不再是孤立点，它 "使用" 了类型 7 和类型 11，也就是说，类型 4 间接 "使用" 了类型 1 和类型 3。图 5.8（d）为图 5.8（c）经过一次扩展后所得到的结构，即图 5.8（b）经过二次扩展后所得到的结构，在这个结构中，类型 1 中的类型 9 "使用" 了类型 3 中的类型 10，即类型 1 间接 "使用" 了类型 3。另外，这次扩展后所得到的结构已经是原始的软件结构，完成了对图 5.8（a）中所示软件结构的一次理解过程。在这个过程中，将面向对象软件中最顶层基类及其之间的联系所构成的结构[图 5.8（b）]作为面向对象软件的基础结构，在此基础上清楚地认识到该软件中各个类型之间的使用关系以及各个类之间的联系，达到了理解一个面向对象软件的结构的目的。

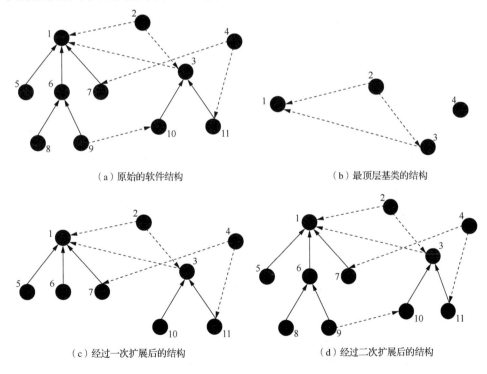

（a）原始的软件结构　　　　　　　　　　　（b）最顶层基类的结构

（c）经过一次扩展后的结构　　　　　　　　（d）经过二次扩展后的结构

图 5.8　面向对象软件的理解过程示例

### 5.1.2　*k* 核和核数

考虑图 $A = (V, L)$，$|V| = n$ 为结点集合的结点个数，$|L| = m$ 为边的集合的数量，根据 *k* 核相关理论[4]，可作如下定义。

**【定义 5.1】**　$H = (C, L \mid C)$，其中结点集合 $C \subseteq V$，按照结点度 *k* 的值顺序，如果 $\forall v \in C : \text{degreeH}(v) \geqslant k$，则子图 *H* 为对应的 *k* 核（*k*-core）。

图的 *k* 核是指反复去掉度值不大于 *k* 的结点及与其连接的边，所余下的子图。*k* 值越大，则该核越深。*k* 核分解的目的是鉴别图中特定的子图，从而为研究网络中心性和组织性提供一个有效的探针。在揭示软件网络结构内在属性时，研究者往往侧重于度分布等特征分析，而忽略了网络核的层次结构研究[5-7]；仅用度分布和度相关性分析软件的特征、复杂性和进化方式，而忽略了 *k* 核对软件系统分析、评价、构造的重要性，也未对 *k* 核和常用复杂网络特征量之间的关系加以研究。

**【定义 5.2】**　对于 $v \in V(G_{sn})$，若 $v \in k\text{-core} \sim (k+1)\text{-core}$，则 $\text{Coreness}_v = k$。结点核数表示包含该结点的最深的核，即若结点核数为 *k*，则该结点存在于 *k* 核中，而不存在于(*k*+1)核中。结点核数的最大值定义为图的核数（Coreness），值也是最高核的 *k* 值。

结点核数表明其在核中的深度。与结点度相比，结点核数更能体现系统结构深层含义和结点间连接对系统设计的影响。真实网络中，具有较高度的结点，其核可能很小，连接性可能也很低，仅仅通过移走相邻的几个结点就会使其变成孤立结点，反之亦然。

**【定义 5.3】**　核规模即 *k* 核中包含的结点的个数。

可以通过 *k* 核分解由外到内剥离网络的层次性，从最外层到最内层逐步揭示在软件网络结构中不同核之间的层级联系和各核对系统功能的影响。此外，相关性分析能透过表面理解结构中潜在的重要特性，核数与其他复杂网络特征量的关系分析就显得尤为重要，这些结果可能从一个崭新的角度对软件工程设计产生新的理解。

### 5.1.3　软件结构的核

**【定义 5.4】**　一个面向对象软件中所有类型的最顶层基类及其之间的联系所构成的结构，称为该面向对象软件的结构核，简称软核。相对地，将一个软件抽取软核之前的结构称为该软件的原始结构。

由软核的定义及本节前面的论述可知，软核就是面向对象软件的基础结构。彩图 5 所示为 FreeMind 软件的原始结构及其核结构，其中，空心箭头表示继承关系。显然，核结构大大简化了原始结构的结点数量，从而便于理解一个软件的组织结构。

### 5.1.4　核分解算法

从软件网络的原始结构中获得软核结构的目的是对软件的基础结构进行分析和研究，进而更好地理解软件的整体结构，对软件的可靠性进行度量。而软核结构对软件整体特征的反应不仅由其结构本身的特性决定，还与该结构与原始结构的关系，即软核结构的提取过程有关。因此，仅获得最终的软核结构并不能满足我们的研究需要，为了进一步了解基础结构对软件整体结构的影响，还需要对软核结构获取过程中各中间层次的结构有所认识。所以，软核结构的提取操作至少要满足以下两点要求。

（1）对于一个给定的软件网络的原始结构，能从中提取出软核结构。

（2）对于一个给定的软核结构，能通过提取操作的逆操作还原出软件的原始结构。

要满足上述两点要求，基于速度及算法实现复杂度等方面的考虑，最佳方案是定义一种"收缩"操作作为"扩展"操作的逆操作，复制并"收缩"给定的网络结构，保存所得到的各结构用于以后的"扩展"操作。

为实现软核分解，需要设计一个存储结构保存软核提取过程中得到的各结构。考虑到所得结构数目的不确定性以及收缩和扩展操作的要求，本节采用双向链表作为存储结构，如图 5.9 所示。在图 5.9 中，每个 Graph 中存储的是面向对象软件的结构信息，标记为 Head 的存储结点中存储的是某个面向对象软件的原始结构，而标记为 Tail 的存储结点中存储的是这个面向对象软件的核结构。

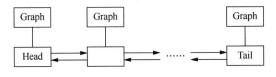

图 5.9　双向链表的存储结构

采用十字链表作为图 5.9 中每个 Graph 的基本存储方式，其具体的存储结构如图 5.10 所示。其中，图 5.10（a）为待存储的面向对象软件的结构，图中实线箭头表示继承关系，虚线箭头表示使用关系；图 5.10（b）为上述结构所对应的十字链表的存储结构，图中用符号 I 和 U 分别表示边的继承和使用类型，用 i 和 o 表示边的方向，分别为指向自身和指向其他结点。

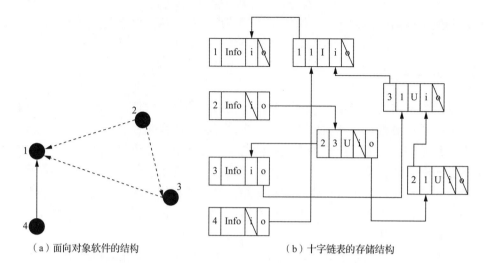

（a）面向对象软件的结构                    （b）十字链表的存储结构

图 5.10    面向对象软件的结构及其存储方式

分解流程如下：给定一个面向对象软件的结构，不断收缩这个结构，直到所得到的新结构中不再含有叶子结点为止，即得到该软件的软核结构。具体实现可采用双向链表存储软核提取过程中得到的各结构，软核提取算法的总体流程如下。

（1）复制给定结构，得到一个新的结构 $G$。

（2）收缩结构 $G$ 得到新的结构 $G'$。

（3）判断结构 $G'$ 与 $G$ 是否为同一个结构，若是，则跳到步骤（6）。

（4）将结构 $G'$ 加入双向链表的尾部。

（5）将结构 $G'$ 作为给定结构并跳到步骤（1）。

（6）算法结束。

上述算法在执行后会得到一个双向链表。其中，链表首结点存储软件的原始结构，链表尾结点存储上述原始结构的软核结构，而链表中间部分存储原始结构在执行若干次收缩操作后所得到的结构。利用这个双向链表，也可以方便地逆向执行软件结构的扩展操作，只需要在链表中选择对应的结构即可。

展开上述算法中面向对象软件结构的收缩操作，并考虑到孤立结点的处理及算法实现的复杂度，本节实现的软核提取算法的具体流程如下。

（1）从给定的结构中取出一个结点 $V$。

（2）判断结点 $V$ 是否是该结构的叶子结点，若否，则跳到步骤（4）。

（3）标记结点 $V$ 并记录叶子结点的个数。

（4）判断是否还有未处理过的结点，若有，则跳到步骤（1）。

（5）判断叶子结点数是否大于0，若否，则跳到步骤（10）。

（6）标记该结构中的所有孤立结点。

（7）复制该结构中未标记的所有结点及其之间的边，并将它们存储为一个新的结构。

（8）将步骤（7）中得到的新结构加入双向链表的尾部。

（9）将步骤（7）中得到的新结构作为给定的结构并跳转到步骤（1）。

（10）算法结束。

在上述算法中，当给定的结构中含有叶子结点时，将结构中的孤立结点作为叶子结点并在收缩时删除；而当给定的结构中不含有叶子结点时，将结构中的孤立结点作为非叶子结点看待。这样做是为了在不破坏结构完整性的同时尽量简化软核的结构。整个算法的流程图如图 5.11 所示。

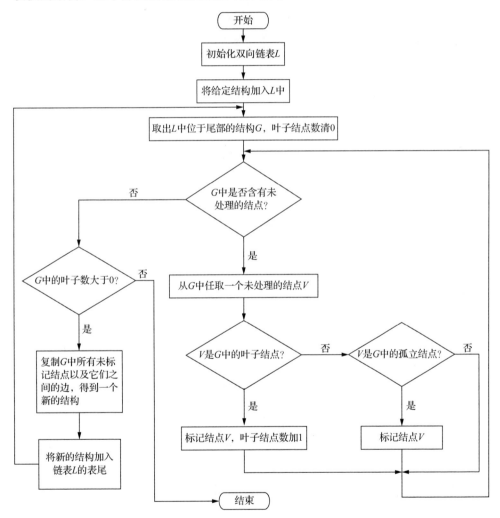

图 5.11　软核提取算法的流程图

### 5.1.5　软件核结构的性质

在一个面向对象软件的结构中，基于继承关系，可以建立一个类型的层次体系结构，也称类继承树。从狭义上讲，一个面向对象软件中所有属于同一类型的类共同构成一棵类继承树。图 5.12 所示为一个面向对象软件结构的例子，图中用虚线箭头表示使用关系，用实线箭头表示继承关系。可以看出，在这个面向对象软件的结构中一共有 3 棵类继承树，它们含有的结点分别是{1，5，6，7，8，9}、{3，10，11}和{2}。为了论述方便并考虑到研究内容的要求，直接用一棵类继承树所含有的结点的集合来表示这棵类继承树。

针对类继承树，还有一个类继承树深度的概念：类继承树的深度指一棵类继承树中从根结点到叶结点的最长路径的长度。例如，在图 5.12 所示的结构中，类继承树{1，5，6，7，8，9}、{3，10，11}和{2}的深度分别为 2、1 和 0。类继承树的深度也就是一个类型层次结构中的继承深度。

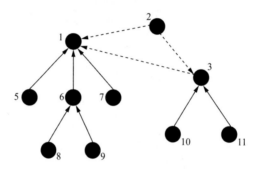

图 5.12　面向对象软件结构举例

软核的抽取算法是基于面向对象软件结构的收缩操作实现的，因此定义软核深度的概念如下。

【定义 5.5】　软核深度指一个面向对象软件结构在提取其软核结构时所需要执行的收缩操作的次数。

软核深度也简称为核深，是直接从软核提取算法中抽象出来的概念。但是，结合面向对象软件结构收缩操作的定义，软核深度的概念可以反映出一个面向对象软件结构的如下性质。

【性质 5.1】　一个面向对象软件结构中的最大类继承树的深度等于这个结构的软核深度。

证明：根据面向对象软件结构收缩操作的定义，在每次收缩一个结构时，只删除这个结构中的叶子结点和孤立结点，考虑到孤立结点并不影响一个面向对象软件中最大类继承树的深度，因而下面只针对叶子结点进行讨论。根据叶子结点的定义，一个结构中的叶子结点就是每棵类继承树中最底层类所对应的结点，即每棵类继承树的叶结点，因此，每执行一次收缩操作，软件中所有类继承树的深度都将减少 1。另外，根据软核提取算法可知，直到整个结构中不含有叶子结点时，即软件中所有的类继承树都只剩下最顶层类所对应的结点，也即类继承树的根结点时，才停止执行收缩操作。综上所述，一个面向对象软件结构中的最大类继承树的深度等于提取其软核结构时所需要执行的收缩操作的次数，即软核深度。

类继承树的深度在度量面向对象软件的质量时具有重要意义，被应用于多种度量套件中，如 C&K 度量套件[8]等。

**【性质 5.2】**　　如果一个面向对象软件结构的软核深度为 $n$，并且其在第 $n$ 次收缩操作时删除的属于不同父亲结点的叶子结点数为 $m$，那么这个面向对象软件中含有 $m$ 棵深度为 $n$ 的类继承树。

证明：由性质 5.1 的证明可知，收缩操作中删除的叶子结点就是当前结构中各个类继承树的叶子结点，因此，如果收缩操作时有 $m$ 个属于不同父亲结点的叶子结点被删除，那么就说明在当前结构中有 $m$ 棵类继承树含有叶结点。另外，每执行一次收缩操作，类继承树的深度都将减小 1，并且第 $n$ 次收缩操作执行后所得到的软核结构中不再含有叶子结点，即整个结构中不可能含有深度大于 $n$ 的类继承树。因此，如果一个面向对象软件结构的软核深度为 $n$，并且其在第 $n$ 次收缩操作时删除的属于不同父亲结点的叶子结点数为 $m$，那么这个面向对象软件中含有 $m$ 棵深度为 $n$ 的类继承树，即性质 5.2 成立。

从广义上讲，面向对象软件中每一个类及其子类所构成的结构都可以看成一棵类继承树。如图 5.13 所示，整个结构中一共含有 4 棵类继承树，它们所包含的结点分别是{1，2，3，4}、{2，3，4}、{3}和{4}，深度分别为 2、1、0 和 0。从广义的类继承树出发，对性质 5.2 进行推广，得到如下结论。

**【性质 5.3】**　　在提取一个面向对象软件的核结构时，如果执行第 $n$ 次收缩操作时有 $m$ 个属于不同父亲结点的叶子结点被删除，则该软件中有 $m$ 棵深度不小于 $n$ 的类继承树。

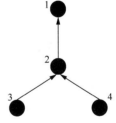

图 5.13　类继承树

证明：通过性质 5.2 的证明过程以及对广义的类继承树的描述，显然有性质 5.3 成立。

基于上述性质，我们可以根据提取一个面向对象软件的软核的过程中得到的信息了解一个软件系统中继承关系的使用情况。现举例说明上述 3 个性质。图 5.14 所示为一个面向对象软件的结构及其软核的提取过程，图中用虚线箭头表示使用关系，用实线箭头表示继承关系。如图 5.14（a）所示，这个面向对象软件结构中最大的类继承树包含结点{1，5，6，7，8，9}，其深度为 2。整个结构经过两次收缩操作后得到其软核结构[图 5.14（c）]，符合性质 5.1 的结论。注意，图 5.14（a）所示结构在第二次收缩时只删除掉一个叶子结点，根据性质 5.2 的结论，整个结构中应该只有一棵深度为 2 的类继承树，符合图 5.14（a）中所示的结构。另外，虽然图 5.14（a）所示的结构在第一次收缩时删除掉 6 个结点，即结点 5、7、8、9、10 和 11，但是观察图 5.14（a）可知，结点 5 和 7 有共同的父亲结点 1，结点 8 和 9 有共同的父亲结点 6 以及结点 10 和 11 有共同的父亲结点 3，因此，上述结构第一次收缩时被删除的属于不同父亲结点的叶子结点数只有 3 个，而图 5.14（a）所示结构中深度不小于 1 的类继承树也是 3 棵，即{1, 5, 6, 7, 8, 9}、{6, 8, 9}和{3, 10, 11}，符合性质 5.3 的结论。

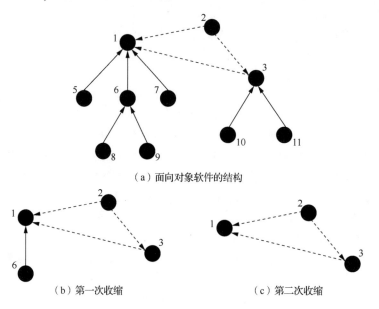

（a）面向对象软件的结构

（b）第一次收缩　　　　　　　　　　　　（c）第二次收缩

图 5.14　提取软核举例

# 5.2　软核分析工具

## 5.2.1　软核分析工具的设计

概括来讲，软核分析工具需要满足以下三大方面的要求。

（1）完成面向对象软件核结构的提取功能：能够提取给定的面向对象软件结构的核结构，并记录提取过程中得到的相关数据。

（2）完成面向对象软件结构的可视化功能：给定一个面向对象软件结构，可视化显示这个结构。

（3）完成面向对象软件结构中的结点与其源代码的关联功能：给定一个可视化显示的面向对象软件结构，可以方便地确定该结构中任何一个结点在其源代码中的相关信息，反之亦然。

进一步，考虑到面向对象软件结构的存储方式、结构的可视化方法及用户的交互方式等因素，上述软核分析工具的设计与实现需要考虑如下因素。

（1）面向对象软件结构的存储方式。

（2）面向对象软件结构的收缩及扩展形式。

（3）软核相关信息的显示与存储方法。

（4）面向对象软件结构的布局方法。

（5）面向对象软件结构的可视化显示方式。

（6）用户交互形式的选择。

（7）面向对象软件结构中的结点与其源代码的关联方式。

根据软件工程中的相关设计原则，软核分析工具的实现从总体上可以分为以下两个部分。

（1）后台管理部分。

（2）前端显示部分。

从模块化软件设计的角度，上述两个部分可以进一步细化为如下 4 个程序模块。

（1）数据转换模块：完成面向对象软件结构数据的读取和转换成适合处理的存储结构，以及保存软件分析过程中所生成的数据等功能。

（2）软核提取及扩展模块：完成提取面向对象软件结构中的软核结构，以及通过扩展软核结构来还原软件原始结构等功能。

（3）布局显示模块：完成面向对象软件结构中各结点坐标的计算，以及整个结构的可视化等功能。

（4）用户交互模块：完成结构中任何一个结点的选取与软件源代码的对应，以及与软核相关各种命令的选择等功能。

其中，前两个模块属于后台管理部分，后两个模块属于前端显示部分，如图 5.15 所示。

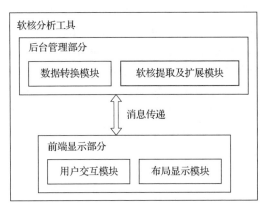

图 5.15　软核分析工具系统框

　　考虑到软核分析工具的灵活性与可扩展性，本书采用面向对象技术完成整个分析工具的设计与实现，系统中的各个模块之间采用消息传递的机制进行交互，图 5.16 示出了使用 ArgoUML 软件绘制的软核分析工具的部分类图。

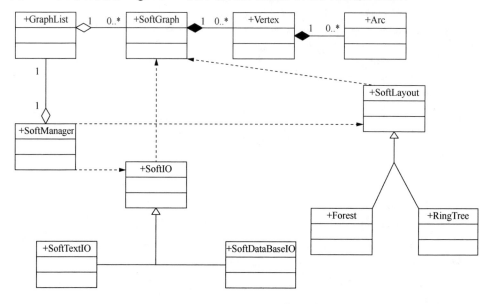

图 5.16　软核分析工具的部分类图

　　在图 5.16 所示的类图中，类 SoftGraph、类 Vertex 和类 Arc 共同完成面向对象软件结构的存储和收缩功能，类 GraphList 用以保存一个面向对象软件在提取软核过程中所产生的各个结构，类 SoftLayout 完成面向对象软件结构的布局，即计算结构中各结点的相对坐标的功能，类 Forest 和类 RingTree 作为类 SoftLayout 的子类分别对应两种不同的布局方式，类 SoftIO 完成面向对象软件结构数据的读取、转换和存储的功能，类 SoftTextIO 和类 SoftDataBaseIO 作为类 SoftIO 的子类分别对应两个不同的数据存储方式，类 SoftManager 负责管理上述各类之间的协作以及向前端显示及交互程序提供合适的接口的功能。

　　考虑到结构中一个结点的名称与其在软件源代码中对应的类的类名相同，为了实现结构中的结点与软件源代码的关联，本节采用树形视图将结点的名称显示到前端界面中，用户可以通过鼠标选取的方式将结点的名称与其在可视化视图中的位置对应起来，完成结点与源代码关联的功能。该功能的具体实现方式将在本章后面进行详细论述，图 5.17 示出了软核分析工具读取面向对象软件 eMule（电驴）的结构数据前后界面的显示情况。

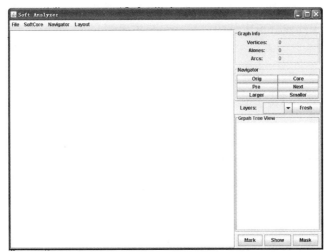

（a）未读取数据的界面

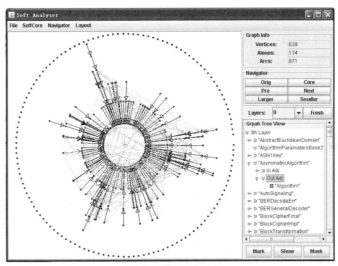

（b）读取数据后的界面

图 5.17　软核分析工具的界面

　　对于面向对象软件结构的数据读取、转换和存储功能的设计，考虑到数据存储格式的多样性和软核分析工具的可扩展性要求，采用多态的方式实现上述功能，并将转换后的面向对象软件的结构数据保存在类 SoftGraph 中。图 5.18 示出了这个部分的基本类图。

　　基于图 5.18 所示的设计方式，软核分析工具的其他部分只需针对类 SoftGraph 提供的接口进行操作即可，而无须考虑面向对象软件结构数据的具体存储方式。此外，当需要改变面向对象软件的结构数据的存储方式时，只需定义一个新类，继承类 SoftIO 并实现相应的方法即可，不需要改变软核分析工具中其余部分的实现代码，提高了软核分析工具的灵活性和可扩展性。

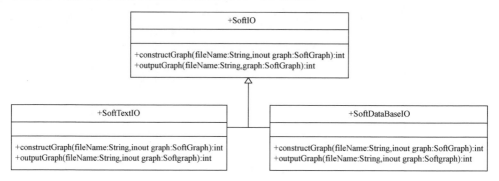

图 5.18　结构数据读取、转换和存储部分的类图

### 5.2.2　分析工具中的关键技术

　　软核分析工具中两个关键技术分别为面向对象软件结构的布局和结构中结点与软件源代码的关联。

　　针对网络模型中边的方向性问题，设计并实现一种环形树布局算法。该算法在布局过程中突出了一条边连接的两个结点中的被指向结点，强调了结点之间的相对层次，达到了很好的布局效果。

　　环形树布局算法的具体操作如下：提取待布局结构中各个连通分量的生成树，以坐标原点为中心画同心圆，将所有生成树的树根向内、树枝向外"种植"在最内层的圆上，并使所有生成树对等层次上的结点在同一个圆上，最后补充结构中未在生成树中的边，以完成对整个结构的布局。

　　图 5.19 示出了环形树布局算法的基本布局过程。其中，图 5.19（a）为待布局的无向图；图 5.19（b）为图 5.19（a）所示的无向图中各个连通分量的生成树；图 5.19（c）为将各生成树"种植"到同心圆上，即将所有生成树中的结点逐层放置到各个同心圆上；图 5.19（d）为将图中未在生成树中的边添加到最终的布局结构中，完成对图 5.19（a）所示结构的布局过程。特别地，为了增加布局结构的层次性，图 5.19（d）中用点划线表示未在生成树中的各个补充边。要将上述环形树算法迁移到本节所建立的面向对象软件的网络模型上，就需要考虑这个网络模型的特点，并针对这个特点进行迁移。

　　根据软核提取算法，如果两个结点之间存在继承关系，那么就删除其中的孩子结点，考虑到面向对象软件网络模型中边的方向是从孩子结点指向其父亲结点的，因此，在提取软核的过程中保护了两个关联结点之中的父亲结点，即被指向结点。注意：基于论述的方便性，如果一个结构中的两个结点 $A$ 和 $B$ 之间存在一条从结点 $A$ 指向结点 $B$ 的边，那么称其为结点 $A$ 指向结点 $B$，并将结点 $A$ 称为指向结点，而将结点 $B$ 称为被指向结点。

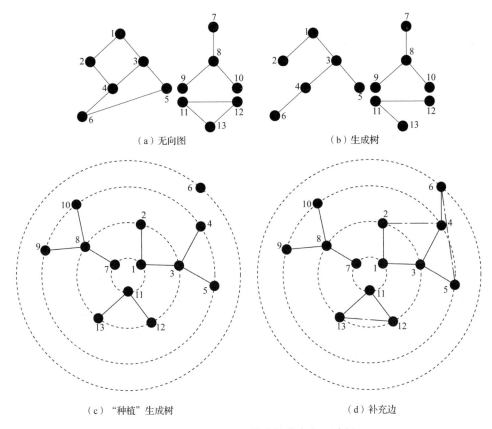

（a）无向图　　　　　　　　　　　　　　（b）生成树

（c）"种植"生成树　　　　　　　　　　（d）补充边

图 5.19　环形树布局算法的基本布局过程

　　为了在布局算法中突出两个关联结点中的被指向结点，并考虑到环形树布局算法的布局方式，在应用环形树算法布局面向对象软件的网络模型时，提取的不是网络中各连通分量的生成树，而是整个网络中的所有被指向树。其中，定义面向对象软件的网络模型中被指向树的概念如下。

　　被指向树是一个树状结构，其根结点满足以下两点要求。

　　（1）该结点未指向其他结点。

　　（2）至少存在一个结点指向该结点。

　　被指向树的枝叶由那些指向根结点的结点组成，并且这些结点及指向这些结点的结点也构成一棵被指向树，并且一个结构中的同一个结点不能同时存在于两棵不同的被指向树中。

　　图 5.20 示出了一个面向对象软件的结构及其被指向树。其中，图 5.20（a）示出了一个面向对象软件的结构；图 5.20（b）是这个结构的被指向树，从中可以看到，结点 1 由于没有指向任何结点而成为根结点。另外，图 5.20（a）中的结点 2 同时指向结点 1 和结点 3，而在图 5.20（b）所示的被指向树中，结点 2 作为结点 1 的叶子结点，而不是结点 3 的叶子结点。这是由于在提取一个结构的被指向树时，

应尽量使树中的结点靠近树根结点。这样做是为了使提取出来的被指向树尽量扁平，以减少环形树布局算法中同心圆的个数，提高整个结构的清晰程度。

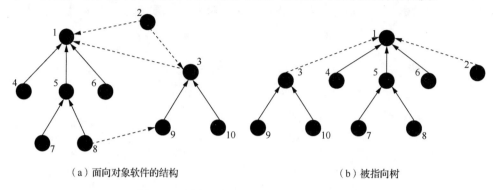

（a）面向对象软件的结构　　　　　　　　　（b）被指向树

图 5.20　面向对象软件的结构及其被指向树

如果一个结构中存在由某几个结点构成的环状结构，并且这个环状结构并不指向其自身结点以外的任何其他结点，那么这个环状结构将不被包含在任何被指向树中，这种情况如图 5.21 所示。

为了解决图 5.21 中出现的情况，并考虑到面向对象软件结构中孤立结点的存在，本节在迁移环形树布局算法时在其原有的同心圆的最外层又增加了一个同心圆，用以容纳结构中所有的孤立结点及各个环状结构中的结点，如图 5.21 中的结点 2、3 和 9。

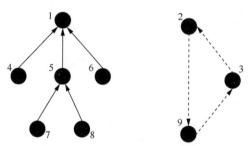

图 5.21　包含环状结构的面向对象软件结构

综上所述，本节所设计的针对面向对象软件的网络模型的布局算法，即迁移后的环形树布局算法的大体流程如下。

（1）提取面向对象软件结构中所有被指向树。

（2）根据环形树布局算法的思想计算每个结点的相对坐标。

（3）将结构中所有孤立结点以及环状结构中的结点平均分布在最外层的同心圆上。

特别地，考虑到算法的实现复杂度等因素，上述布局算法在具体实现时并未明确提取出整个结构中的所有被指向树，而是将这些树中的结点按照其离树根的距离依次保存在各个同心圆中，并以此直接计算出被指向树中所有结点的相对坐标，整个算法的流程图如图 5.22 所示。

另外，在图 5.22 所示的"计算所有同心圆上结点坐标"这一步，考虑到结构显示时的美观性，并不是简单地将一个同心圆上的所有结点平均分布在这个同心圆上，但最内层的同心圆除外。

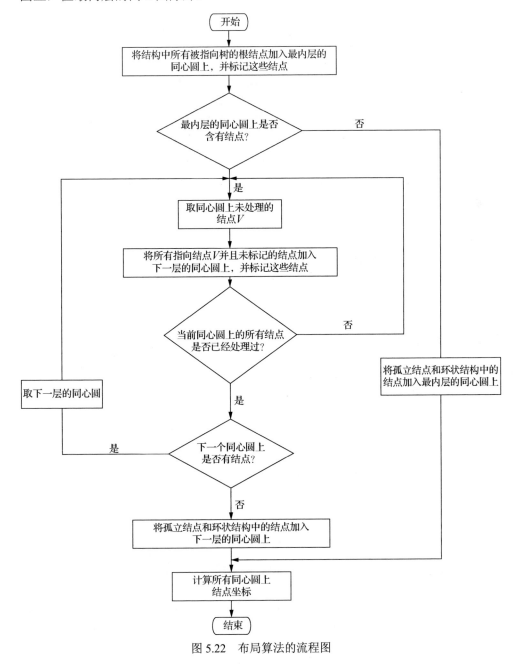

图 5.22　布局算法的流程图

同心圆上结点的分布策略如下。

（1）所有被指向树的根结点平均分配最内层同心圆的空间。

（2）一棵被指向树中的结点的所有孩子结点平均分配这个结点所占用的空间。

（3）所有孤立结点和环状结构中的结点一起平均分配最外层同心圆的空间。

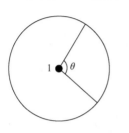

其中，一个结点所占用的空间指这个结点所能覆盖的以其自身为圆心的一个扇面所覆盖的圆心角，如图 5.23 所示。图中，结点 1 所占用的空间为图中所示的扇面所覆盖的圆心角 $\theta$。

为了方便区分这两种不同类型的边，在显示一个面向对象软件的结构时，用虚线箭头表示使用关系，用实心箭头表示继承关系。图 5.24 示出了一个简单的面向对象软件的结构及其可视化的结果，在

图 5.23　一个结点所占用的空间

图 5.24（a）中，用虚线箭头表示使用关系，用实线箭头表示继承关系。特别地，为了观察方便，图 5.24（b）中用空心圆圈标记出了坐标原点的位置。

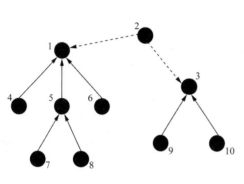

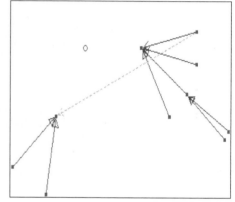

（a）面向对象软件的结构　　　　　　　　　　　　（b）可视化结果

图 5.24　一个面向对象软件的结构及其可视化结果

为了进一步观察本节中布局算法的效果，彩图 6 给出了 sim 软件结构的可视化结果。从彩图 6 中可以看出，本节所设计的布局算法突出了面向对象软件结构中结点之间的相对层次性，强调了软件结构中被指向结点的地位，与面向对象软件的核结构的提取过程中保护父亲结点（也是结构中的被指向结点）的结果相对应，达到了很好的布局效果。

为了方便地将结构中的结点与其软件源代码关联起来，采用树状视图显示整个结构中所有结点的名称。同时，考虑到软件结构的可视化过程中被突出的结点之间的相对层次性，所采用的树状视图的显示策略如下。

（1）可视化视图中的每个同心圆对应树状视图中的一个树根结点。

（2）各同心圆上的所有结点都属于这个同心圆所对应的树根结点的直接孩子结点。

（3）策略（2）中的所有结点都含有两个孩子结点，其中一个孩子结点的所有孩子结点均是该结点所指向的结点，而另一个孩子结点的所有孩子结点都是指向该结点的结点。

图 5.25 示出了图 5.24（a）中面向对象软件结构所对应的结点名称的树状视图显示结果，其中，假设结构中每个结点的名称与其序号一致。在图 5.25 所示的树状视图中，每个结点的名称由位于图中双引号内的文本表示。例如，图 5.24（a）所示结构中结点 1 的名称表示为图 5.25 中的 "1"。从图 5.25 中可以看出，整个软件结构分布在 3 个同心圆上，按照从内向外的顺序，第一个同心圆（图中的 1th Layer）上包含的结点的名称分别为 "1" 和 "3"，并且有 3 个结点指向名称为 "3" 的结点，它们的名称分别是 "10"、"9" 和 "2"，即图中 1th Layer 下标记为 In Adj 的结点的 3 个孩子结点。第二个同心圆（图中的 2th Layer）上包含 6 个结点，它们的名称分别为 "2"、"4"、"5"、"6"、"9" 和 "10"，其中名称是 "5" 的结点指向一个名称是 "1" 的结点，即图中 2th Layer 下标记为 Out Adj 的结点的一个孩子结点。依次类推，可知其他同心圆中结点的分布情况。

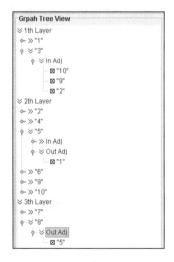

图 5.25 结点名称的树状视图显示

为了提高程序的执行速度，可以在树状视图中插入结点时采用延迟插入的方法：在建立树状视图中的树时，并不将可视化视图中所示结构中的所有结点的名称都插入这棵树中，而是根据用户的浏览请求，在需要展开树中的某个结点时，才将属于这个结点的孩子结点插入这棵树中并显示出来。

为了方便地将一个结点在树状视图中显示的名称与这个结点在整个结构的可

视化视图中的位置对应起来，可以在知道一个结点的名称的前提下方便地在整个结构的可视化视图中找到这个结点，在树状视图中加入用鼠标选取一个结点的功能。即在树状视图中用鼠标选择一个结点的名称，程序会自动地将这个名称所对应的结点在整个结构的可视化视图中标出。

### 5.2.3 分析工具的测试

为了判断上述分析工具分析结果的准确性，需对所设计的分析工具进行单元测试和集成测试。由于分析工具是采用面向对象技术编制的，其程序中的最小可测试单元是系统中的各个类，单元测试就是对软核分析工具中的各个类分别进行测试。

在集成测试阶段，为了验证软核分析工具分析结果的正确性，根据一个面向对象软件结构中可能出现的各种结构特征编制了多个可以描述上述结构特征的简单的面向对象软件的例子，并用软核分析工具实际分析了这些例子软件，再根据所得结果判断软核分析工具的正确性。

图 5.26 示出了用于测试的一个面向对象软件结构的例子，图中用虚线箭头表示使用关系，用实线箭头表示继承关系，所示的软件结构中一共有 16 个结点，每个结点的名称与其序号相同。图 5.26 中所示的面向对象软件的结构中含有一个孤立结点，即结点 16，这是为了测试软核分析工具对孤立结点的处理结果而加入的。

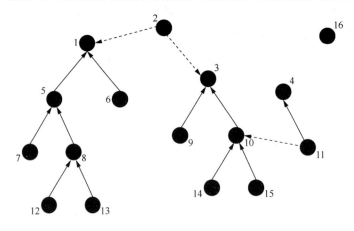

图 5.26　一个面向对象软件结构的例子

针对图 5.26 所示的面向对象软件的结构，图 5.27 示出了软核分析工具对其分析的结果。根据图 5.27 所示的结果可以看出，软核分析工具在分析如图 5.26 所示的面向对象软件结构的过程中，正确提取了待分析的软件结构的核结构，对软件结构的布局显示效果良好，很好地完成了结构中结点与其名称的关联，并在提取软核的过程中显示出了收缩操作所得各结构中的结点数和边数等信息。另外，考虑到软核提取算法的实现方式，对图 5.27（d）所示软件的软核结构执行扩展操作所产生的结果就是对图 5.27（a）所示软件的原始结构执行收缩操作所产生的结果的逆序，即扩展图 5.27（d）所示结构产生的结果依次如图 5.27（c）、图 5.27（b）和图 5.27（a）所示。

　　以上例子以及对其他例子软件的实际分析表明了设计的软核分析工具的正确性，其分析结果值得信赖。

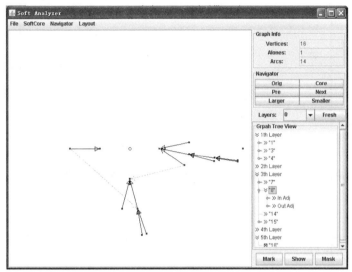

（a）软件的原始结构

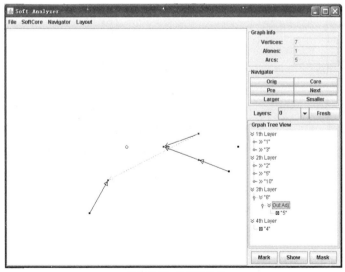

（b）收缩一次后的结构

图 5.27　一个面向对象软件的分析过程

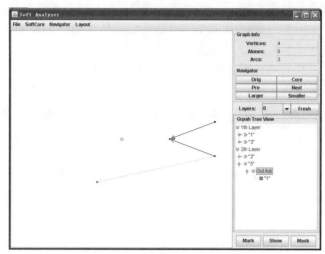

（c）收缩两次后的结构

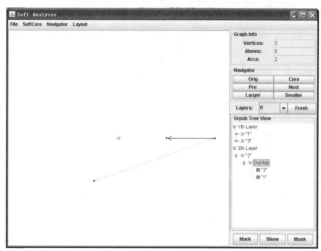

（d）软件的软核结构

图 5.27（续）

# 5.3 核数分析对软件工程的新贡献

## 5.3.1 软件核的统计特性

5.1 节定义了 $k$ 核和核数，并对面向对象软件网络核结构的分解和分解算法进行了阐述，据此可以对真实的软件系统样本进行计算分析，得到软件网络核的一些统计数据，并对核与其他特征量的关系加以研究。为节约篇幅，本节选取不同应用领域的 10 个优秀开源软件系统（VTK、DM、AbiWord、XMMS、JDK-A、MySQL、Mudsi、ProRally、Linux、Wemux）为样本进行计算，选取其中有代表性的 4 个软件（VTK、AbiWord、MySQL、Wemux）进行核相关性分析。表 5.1 列举了 10 个软件系统复杂网络基本特征和核数的计算值，从中可以看出软件网络拓扑结构呈现出相似的复杂网络特征，在不同的软件系统中存在着相似的全局特征，这可能是由遵循共同的软件设计规则造成的。如果把软件核数作为软件结构层次性的测度会发现，各种软件系统的层次性都较低，且与软件的规模没有太大关系（核数 3～9）。结构层次越高，软件越复杂，功能越强；结构层次越低，软件越简单，功能越弱，各种软件层次限定在一个很窄的范围，这可能是需求和设计折中的一个最佳平衡点，意味着易维护和高性能之间的一个微妙的平衡。主流的层次软件设计方法被开发者广泛应用于控制系统的复杂性，并取得一定效果。据此，可形成基于软件核的软件优化、合理性度量的新标准。例如，Linux 是一个大规模、复杂度非常高的软件系统，但是它的核数仅为 6。此外，Mudsi 的核数很低，而 MySQL 的核数很高，这说明软件的核数仍受到应用领域的细微影响。为了处理简单和任务分解，分布式系统被设计成具有较简单的层次；数据库系统被明显地分为数据库引擎和管理系统两个部分，具有较高的核数，这意味着 MySQL 软件在设计上可能还有优化的空间。

表 5.1　10 个软件静态结构网络拓扑特征实验样本数据

| 软件名称 | $N$ | $M$ | $\langle k \rangle$ | $C$ | $d$ | Coreness |
|---|---|---|---|---|---|---|
| VTK | 786 | 1372 | 3.93 | 0.14 | 4.52 | 5 |
| AbiWord | 1093 | 1817 | 3.28 | 0.13 | 5.05 | 4 |
| Wemux | 278 | 842 | 3.34 | 0.19 | 4.77 | 6 |
| MySQL | 1497 | 4186 | 5.99 | 0.21 | 5.46 | 9 |
| DM | 187 | 238 | 3.55 | 0.4 | 4.3 | 4 |
| XMMS | 971 | 1798 | 3.88 | 0.08 | 6.35 | 5 |
| Mudsi | 182 | 264 | 3.09 | 0.24 | 4.36 | 3 |
| JDK-A | 1360 | 1943 | 2.72 | 0.31 | 3.81 | 5 |
| Linux | 5418 | 11367 | 5.42 | 0.15 | 4.65 | 6 |
| ProRally | 1983 | 4977 | 5.95 | 0.21 | 4.82 | 7 |

注：$N$ 为软件静态结构网络中的结点数；$M$ 为边数；$\langle k \rangle$ 为平均结点度；$C$ 为网络聚集系数；$d$ 为平均路径长度；Coreness 为网络核数。

彩图 7 可视化地展示了 VTK 软件网络和 Internet 的网络拓扑对比，从图中可看出，VTK 软件网络和 Internet 的网络拓扑具有相似的网络特征，VTK 软件网络的核远小于 Internet 网络的核。进一步通过表 5.2 列举了大样本软件网络特征计算数值和 Internet AS 级的特征数据[9,10]。数据显示，两者均具有明显的无尺度特征，AS 级核数远远大于常见软件系统，这是由它的核内具有的高连接密度和高聚合性决定的；软件系统核数较低也反映了复杂性控制、易修改性和进化性的要求，这对软件的开发和维护是有益处的。

表 5.2　大样本软件网络样本与 Internet AS 级数据拓扑特征对比

| 软件名称 | | $\langle k \rangle$ | $C$ | $d$ | $\gamma$ | Coreness |
|---|---|---|---|---|---|---|
| 大样本 | 软件网络样本 | 3～6 | 0.1～0.4 | 3～7 | 1～3 | 3～9 |
| | Internet AS | 4～6 | 0.2～0.4 | 3～5 | 2～3 | 约为 23 |

注：$\langle k \rangle$ 为平均结点度；$C$ 为网络聚集系数；$d$ 为平均路径长度；$\gamma$ 为度分布系数；Coreness 为网络核数。

### 5.3.2　层级性

为了更好地观察软件网络结构的层级特性，采用 Spring Embedder 算法来展示 4 种软件网络的拓扑结构，如彩图 8 所示。图中不同的颜色代表软件结构中不同的核，可明显看出各种软件的组织结构具有明显的层级性，利用 $k$ 核分解能有效地分析软件核结构的层级性，而且验证了软件核数作为软件层级性测度的合理性。

基于 5.1 节的研究，彩图 9 展现了 Wemux 这一真实软件系统网络拓扑的 $k$ 核分解过程，每一次分解仅仅剥离最外一层的结点和连接，保留内部的网络连接。层级性的分解也清晰地反映了软件工程遵循的层次化设计理论，即依靠相关性和独立性设计组件，通过将组件发布到不同的层来构建应用。

研究核规模和核数之间的关系，得到图 5.28 所示的曲线。曲线呈幂律分布说明每一个 $k$ 核都是（$k-1$）核的一部分，核数越高包含的结点越逼近中心，即形成的软件结构越基础。Wemux 的曲线随着核数增加趋于平缓，这是由仿真系统的设计要求决定的。拥有大量的基类（约 130 个）实现基本硬件单元的仿真，包括电子元件类、机器元件类、计算类等，而其他类通过调用不同的基类完成它们在系统中的功能。

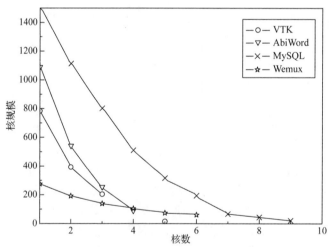

图 5.28　4 种软件系统的核规模和核数之间的关系

4.2 节介绍了聚集系数与度分布的曲线接近于直线[即 $C(k)$-$k^{-1}$]是软件系统模块化的重要特征,标志着系统存在层级性。现有的层级性相关的复杂网络研究均基于此理论,但是它具有以下缺点:清晰可视化展现软件网络层级性很困难;计算 $C(k)$-$k$ 关系非常复杂,甚至在有些软件网络中会导致失败;缺乏对结构层级性直观和定量的描述。与之对比,$k$ 核分析能克服这些缺点,是更合适的软件网络层级性的测度。

### 5.3.3　中心性

彩图 9 中随着核规模从最外层到最内层逐渐减小,结构的中心性越来越明晰。实际上,分解过程使得到的子图朝网络结构的中心区域不断偏移,最高核数层所含的结点和关系体现了整体网络结构的重要特征[11]。最高层尽管结点数较少, 但是度值所占比例却很大,而且层内结点间协作非常密切,在软件整体结构中处于支配地位。这些核心结点在软件理解和测试中扮演着重要角色,结点间的协作为软件系统搭建了核心框架,基于这些结点类提供的基础服务,可通过重构开发出很多软件系统的功能模块。

通常度是测量结点中心性的直观特征量,但是它不能衡量那些度值很低、在系统中却占有重要地位的结点。为了揭示这些重要结点,人们引入介数来度量复杂网络结点的中心性[12],通过度量经过结点的最短路径来加以分析,但是介数的计算标准未完全统一,对实际系统中同一个结点的计算常常会有不一致的结果。而且,介数的算法需要耗费大量的运行时间,在实际软件系统网络分析中也常常得不到结果。相对而言,核数对中心性度量提供了更精练、更准确的定义,而且已被成功应用于蛋白质网络的研究中[11,13]。

图 5.29 和图 5.30 分别描述了核数和度、介数和核数的关系,图 5.29 用同度数结点的平均核数作为纵坐标,图 5.30 用同核数结点的平均介数作为纵坐标。图 5.29 说明低度结点常位于低核数层,高度结点却不一定在高核数层;同样的现象在彩图 10 中也存在,具有高度值的结点很少位于高核数层。在图 5.29 低度值范围内时曲线呈幂律分布,随着结点度值增大,曲线逐渐平坦,过渡区域出现在 $k$=14~24,然后所有系统达到一个稳定水平,这个过渡区域会受到软件规模和应用领域的细微影响,如 MySQL 的曲线。观察结果对软件理解和开发有重要意义,揭示了随着需求的扩展,虽然大量类嵌入了更多的模块、聚集了更多的功能,使系统复杂性不断加剧,但是它们结构的层级结构却保持相对稳定,这个结论可用来增进对软件系统的理解和降低测试维护的成本。图 5.30 中,介数有随着软件核数的增长而增长的趋势,但也有明显的波动。根据介数的定义,介数本质上是一个很高的全局量,小度结点也可以有高介数。软件系统中存在着大量的信息交互,

这些担任桥角色的结点在系统中有重要作用，因此具有高介数和高核数的类应该被特殊重视，也就是说与其他中心性测度相比，核数更恰当、更有效地揭示了软件结构的中心性。

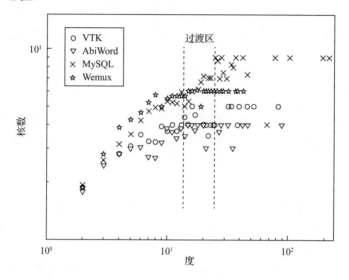

图 5.29　4 种软件系统的核数和度之间的关系

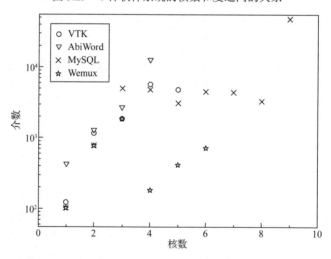

图 5.30　4 种软件系统的介数和核数之间的关系

### 5.3.4　连接倾向

网络中各层结点不仅有相互之间的联系，层内结点也互有连接关系。考察结点的性质，不仅要看其核数如何、度值大小，还要看其连接对象分布。由核数定义可知，低核数结点与高核数结点间的连接在计算高核数时将被去除，因此在一定层面上可以将该连接看作是由低核数结点发出到高核数结点的。由于网络或结点的层次性质与其核数息息相关，分析结点的连接状况应以该结点向更高核数结点的连接为主。基于以上分析，定义如下连接率来描述结点的连接倾向。

【定义 5.6】　连接率是指所有核数为 $k$ 的结点在 $k$ 核内的连接数目与核数为 $k$ 的结点所拥有的连接总数之比。

$$CR = L_{k-core}/E_k$$

基于以上定义，图 5.31 通过连接率和核数的关系来考察结点的连接倾向。由图可知，核数的结点有超过 70%的核内连接是连向高层结点的，只有少数连接是平级互连。不论软件的规模和应用领域，连接率的波动都非常小，分析的 4 个软件的平均连接率约为 84%，说明都遵循该连接倾向，表明构成高核数层的类或模块具有大量的连接，这也从另一个角度验证了高核数层在软件结构中的重要地位。图 5.31 也揭示了软件结构的全局特征，如 Wemux 由于具有很多基类，连接倾向接近，图形比较平坦；MySQL 的连接率与其他软件相比，在 4 和 5 之间出现了一次明显的突变，这是因为属于数据库管理系统的所有结点的最大核数是 4，而数据库引擎的连接显然比系统的其他部分更密集，这点也可以从彩图 10 中观察到。

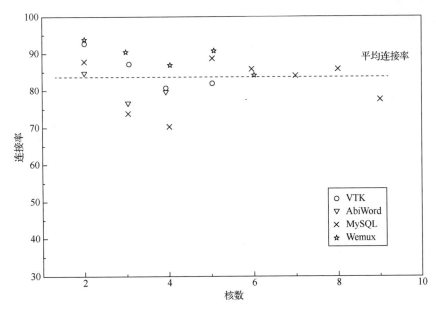

图 5.31　连接率和核数之间的关系

## 5.3.5　进化趋势

分析软件结构的进化通常很困难，这主要是因为：缺乏持续版本的开源软件样本和简易能定量描述结构的特征量。研究者用度分布、聚集系数等复杂网络的特征量研究系统的进化，取得了一定成果[7]，发现面向对象软件系统中高分数的模体倾向于进化为稳定的结构。但是用 $k$ 核进行相关研究却很少涉及，与模体对比，$k$ 核作为软件网络结构的重要全局特征，更便于计算和应用于实际软件系统中。

VTK 是一个开放资源的免费软件系统，它由大约 700 个 C++类和 300000 行代码组成，全世界数以千计的研究人员和开发人员用它来进行三维计算机图形、图像和可视化处理。从其产品版本数据库中以时间切片选取了 1995～2005 年的 20 个中间版本（包含被广泛使用、较大改变的 5 个重要版本及以修改和优化为主的 15 个升级版本）为样本进行分析。

图 5.32 显示了 VTK 系统进化过程中软件核的变化，可得到如下结论：曲线比较平稳仅有小的波动，有 4 个比较平衡的区域，即 a(1.0～1.3)、b(2.0～3.1)、c(3.2～3.3)和 d(4.0～5.0)。从软件的历史记录来看，位于平衡区的边界版本往往有较大改变，如 2.0 版进行了大量的技术革新（增加 OpenGL、TCL 等），系统在 4.0 版后趋于成熟。尽管图 5.32 中存在短暂的过渡区，但软件的核数始终稳定在 4 或 5，这表明随着系统的进化，大多数的结点类并没有改变它们在核数的层次，系统经历了多次的改动也并没有改变它的基本结构，系统结构在早期就达到了稳定。这使我们认识到软件源代码的第一个版本至关重要，其质量直接影响软件开发的周期和成本。

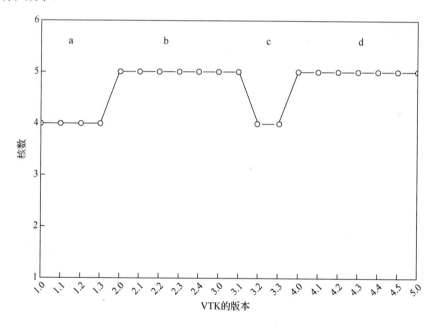

图 5.32　VTK 系统进化过程中的核数

Lehman[14]比较了进化与维护在系统设计、修改方案、层次性质和操作主体等方面的区别与联系，初步给出了软件进化的若干定律，以及描述了软件进化的必要性和内涵。这些结论来自软件工程的实践，没有定量的描述，因此被称为猜想。我们通过软件网络分析和软件核的定量统计分析验证了一些软件进化设想的正确性。

# 5.4　本章小结

本章提出了一种用 $k$ 核分解研究软件网络结构的新方法，并通过大量优秀软件样本进行实验分析，从统计学上验证了该方法的可行性和有效性。与现存方法相比，软件的核结构研究能帮助我们更直观、更清晰地理解软件系统，而且可据此定量描述系统结构的层级性和中心性。利用现有方法很难判定软件设计得是否合理，尤其是大规模软件系统。本章从一个新的角度揭示了软件结构的未知特性，并定量验证了软件工程的部分设计思想和猜想。

（1）增强了对复杂软件系统的理解。由于缺乏理解和有效评价，开发者往往很难消化以前的工作，并对未来的开发提出有用的建议，这种现象在大规模软件开发中尤为常见。核分解能帮助开发者快速找到构成软件系统的核心类或单元，以及认识最高层的重要作用。它是软件的核心框架，也是构建最小系统的基础框架。另外，软件核研究还能揭示系统的潜在特征，帮助理解隐藏的结构信息等。

（2）建立了面向对象软件的网络模型，并在这个模型下设计与实现了基于软核的软件分析工具。该分析工具很好地完成了对一个面向对象软件结构的可视化、软核的提取及扩展、结构中的结点与源代码的关联等基本功能，可以帮助软件开发人员进一步提高他们理解一个面向对象软件的组织结构的效率。基于数据采集的基本原则，随机选取若干面向对象软件作为样本软件，应用所设计的分析工具对其进行分析，得到各样本软件的软核相关数据。

（3）指导测试。软件核研究能快速鉴别软件的重要组件或模块，如孤立结点、最高核数层结点、兼具高度数和高核数的结点、兼具高介数和高核数的结点等，对其实现针对性的优化测试，从而节约时间、提高开发效率和降低开发成本。

（4）实现度量和评价。软件核分析能定量刻画软件网络的层级性、中心性、连接趋势等特征，据此可形成对应的软件测度。

（5）可以初步形成软件设计合理性的判据：软件网络拓扑孤立结点极少；软件的核很小并限定在一定范围，$k=3\sim9$；连接率约为 84%；软件系统版本进化是稳定的。这些判据能很方便地应用于现实软件系统的开发过程中，以增强对复杂软件系统的理解和质量评估。

# 参 考 文 献

[1] OSTRAND T J, Predicting the location and number of faults in large software systems[J]. IEEE transactions on software engineering archive, 2005, 31 (4): 340-355.

[2] KLUMP R. Understanding object-oriented programming concepts[C]//Proceedings of the IEEE power engineering society transmission and distribution conference. Vancouver, 2001: 1070-1074.

[3] ALAN C K. The early history of smalltalk[J]. ACM SIGPLAN notices, 1993, 28(3): 69-95.

[4] CERINŠEK M, BATAGEL J V. Generalized two-mode cores[J]. Social networks, 2015, 42: 80-87.

[5] MYERS C R. Software systems as complex networks: structure, function, and evolvability of software collaboration graphs[J]. Physical review E, 2003, 68(4): 1-15.

[6] MA Y T, HE K Q, DU D H. A qualitative method for measuring the structural complexity of software systems based on complex networks [C]// Proceedings of First International Conference on Complex Systems and Applications. Taipei, 2005: 955-959.

[7] VALVERDE S, SOLE R V. Hierarchical small worlds in software architecture[R]. Works paper of Santa Fe Institute, 2003, SFI/03-04-44.

[8] 李晓航, 胡晓鹏. 改进的 CK 度量套件[J]. 西南交通大学学报, 2008, 43（1）: 35-39.

[9] MAHADEVAN P, KRIOUKOV D V, FOMENKOV M, et al. Lessons from three views of the Internet topology[R]. CAIDA technical report, 2005, TR-2005-02.

[10] ZHOU S, ZHANG G Q. Chinese Internet AS-level topology[J]. IET communications, 2007, 1(2):209-214.

[11] FRASER H B, HIRSH A E, STEINMETZ L M. Evolutionary rate in the protein interaction network[J]. Science, 2002, 296(5568): 750-752.

[12] RAVASZ E, SOMERA A L, MONGRU D A, et al. Hierarchical organization of modularity in metabolic networks[J]. Science, 2002, 297(5586) : 1551-1555.

[13] WUCHTY S, ALMAAS E. Peeling the yeast protein network[J]. PROTEOMICS, 2005, 5(2): 444-449.

[14] LEHMAN M M. Laws of software evolution revisited[C]//Proceedings of the 5th European Workshop on Software Process Technology. London: Springer-Verlag, 1997: 108-124.

# 第 6 章   基于度和度中心性的结点重要性排序方法

近年来，随着对复杂网络实证研究的深入开展，复杂网络中的结点重要性排序研究成为国内外研究人员关注的热点。对网络中的结点重要性进行度量和评估，发掘网络中的重要结点，对于提高实际系统的稳健性、传播性等性能具有重要的现实意义。例如，一个大规模的软件网络，在分别删除两个结点重要性不同的结点后会形成两个新的网络，此时这两个新网络的连通性是不同的，这说明不同重要性的结点对整个软件网络的贡献是不同的。如果能够在复杂的软件网络中识别有影响力的结点，并根据结点的重要程度对其进行保护，就能避免或降低软件网络在经受选择性攻击时受到的损失。这不仅提升了整个软件网络的可靠性和抗毁性，还有效降低了软件的运行和维护成本。

## 6.1   几种经典的结点重要性排序方法

现实世界中的许多系统都可以通过抽取拓扑结构将其描述为复杂网络，如蛋白质网络[1]、食物链网络[2]、互联网络[3]、人际关系网络[4]、大型软件网络[5]、电力网络[6]和航空网络[7]等，不同类型的复杂网络需要不同的结点重要性排序方法来度量。目前，评估结点重要性的方法有很多种，基本上都源于图论[8]。根据评估指标的不同，大体可以将这些方法分为 3 类：结点关联性问题、中心性问题和网络流问题，下面对几种排序方法进行简单的介绍。

### 6.1.1   结点关联性问题

结点关联性问题主要考虑结点与其周围结点的连接情况，其中最典型的是度排序算法。度排序算法就是直接比较网络中各个结点的度，认为结点的度值越大，结点就越重要。例如，在社交网络中，一个人的朋友越多，那么他在社交网络中的地位就越重要。这种排序方法直接体现了该结点与周围结点的联系能力，算法时间复杂度低，能在一定程度上体现网络中结点的重要性。尽管如此，该算法也有明显的不足之处。首先，对于网络中度值相同但所处网络位置不同的结点无法进行区分，如一个处于网络中心的结点和另一个处于网络边缘的结点具有相同的度值，而从网络的位置上看，位于网络中心的结点明显重要于网络边缘的结点，但度排序算法给出的两个结点的重要性却是相同的。其次，忽略了桥结点的重要性，如网络中有些结点自身的度很小，但与其直接相连的结点都具有很大的度值，那么这个结点的重要性就明显高于和它具有相同度值的其他结点。此时，如果还只从度排序的角度考虑结点的重要性就会出现偏差。

### 6.1.2　中心性问题

基于中心性的结点重要性度量方法反映了复杂网络中结点位置的重要性，常用的度量指标有结点的度中心性、介数中心性、接近度中心性及特征向量中心性。下面对这 4 种常用的度量指标进行详细介绍。

（1）结点的度中心性（degree centrality）指的是结点的邻居结点的个数之和，反映了结点对邻居结点的影响力。结点的度越大，结点的影响力就越大，这也说明了结点的度中心性是最简单、最直观的结点重要性度量指标。通过对结点度中心性的测量，人们可以直观地看出结点的特性及影响力。但结点的度中心性往往只从网络的局部信息来判断结点的重要性，并没有充分考虑结点的全部情况，因此很多情况下的度量是不准确的。

（2）介数中心性（betweenness centrality）是 Freeman 在 1977 年提出的概念[8]。Freeman 认为，任何网络中的所有结点都会被作为起始结点和终止结点进行信息传播，网络中越重要的结点，在信息传播过程中通过的信息就越多。因此，Freeman 为结点的介数中心性下了这样的定义：网络中每对结点之间的最短路径中包含该结点的路径的数目就是这个结点的介数中心性。介数中心性主要从信息传播的角度衡量结点的重要程度，描述了复杂网络中的信息按照最短路径传输时结点对网络中信息的控制能力。但用介数中心性来度量结点的重要性也有不足之处，从介数中心性的定义可知，计算结点的介数中心性需要计算网络中每对结点之间的最短路径，这使算法的时间复杂度增大，因此介数中心性这一指标并不适用于大规模复杂网络。

（3）接近度中心性（closeness centrality）是 Freeman 在提出介数中心性后提出的概念[9]。接近度中心性认为在复杂网络中，一个结点到网络中其他结点的平均距离越小，这个结点距离网络中心的位置就越近，这个结点就越重要。这也意味着，从这个结点出发能够以最快的速度到达网络中其他结点。同时，从接近度中心性的概念可知，接近度中心性的计算利用了平均值的概念，克服了在计算过程中一些极大值或者极小值对度量指标的影响。与介数中心性度量指标相同，接近度中心性也存在算法复杂度高的问题。

（4）特征向量中心性（eigenvector centrality）与前面介绍的 3 种中心性度量指标不同，不仅考虑了一个结点的邻居结点的数量，还考虑了这个结点的每个邻居结点的重要程度。特征向量中心性认为，结点的每个邻居结点的重要性是不同的，对该结点的重要性贡献也是不同的，因此，特征向量中心性将结点的所有邻居结点的重要性进行线性叠加，从而得出该结点的重要性。也就是说，一个结点的邻居结点越多、邻居结点越重要，则这个结点的重要性就越高。

### 6.1.3　网络流问题

主要依赖网页之间的连接关系的网页排序技术，通过网页之间的相互连接和相互支持判断网页的重要程度，其典型的排序方法有 PageRank[10,11]、LeaderRank[12]和 HITS（hypertext-induced topic search）算法[13]。PageRank 算法是指当网页 A 有一个链接指向网页 B 时，网页 B 就会获得一定的分数，而该分数的值取决于网页 A 的重要程度。由于网页上的链接指向具有复杂性，该分值的计算成为一个迭代过程，最后依据网页获得的分数排名将检索结果送交给用户。然而当网络中存在孤立的结点或者社团时，PageRank 算法会使结点排序不唯一。为了弥补 PageRank 算法的这一缺陷，Lv 等提出了 LeaderRank 算法[14]。LeaderRank 算法的具体方法是在已有结点外另加一个结点，并将它与已有的所有结点都双向连接，得到 $N+1$ 个结点的网络，再用 LeaderRank 算法对该网络结点进行排序。结果证明，LeaderRank 算法比 PageRank 算法得到的排序结果更精准。HITS 算法是 1998 年由 Kleinberg 提出的一种网页排序算法。Kleinberg 首先将网页分为两类：一类是表达某一特定主题的 Authorities，另一类是把 Authorities 串起来的 Hubs。Authorities 为具有较高价值的网页，Hubs 为指向较多 Authorities 的网页。然后对网页中的每个结点引入两个权值：Authorities 权值和 Hubs 权值。最后使用 HITS 算法通过一定的迭代计算得到针对某一检索提问具有最高价值的网页。

## 6.2　大型软件网络的拓扑模型建构

在软件工程领域，尤其是大型软件的开发中，为了解决软件结构的复杂性，最常用的办法是将复杂的软件结构进行分解和组织。软件开发人员根据用户需求将软件系统按功能划分为不同的功能模块，同时为了节约软件开发成本，在设计和实现过程中进一步对软件模块进行分解，将原有的功能模块分解为许多可以独立工作的程序单元。这些基本程序单元与以往的软件设计方法相比，有效地提高了软件代码的复用性、局部代码的可靠性及代码的可维护性，有利于团队开发，提高了软件开发的效率。由软件静态结构的单元和组织分析可知，如果将系统中类、函数、子程序等单元视为结点，单元间的协作关系表示为结点的边，则软件系统的拓扑结构可以用如下定义来描述。

【**定义 6.1**】　软件架构（software architecture，SA）SA $=\{C,R\}$，其中 $C$ 为系统类的集合，　$R=\{\langle c_1,c_2,t\rangle|c_1,c_2\in C,t\in T\}$ 为系统中关系的集合，关系类型 $T=\{$inheritance, aggregation, usage$\}$ 分为继承、聚合、使用 3 种。

SA 以具有 $R$ 关系的集合 $C$ 来描述，集合 $C$ 在关系 $R$ 的约束下正确执行系统的各项既定功能。

映射规则如下：设图 $G = (V,E)$ 为一个二元组，其中 $V$ 是结点集，$E$ 是边集，定义两个映射，$\alpha$ 映射类为结点（即 $C \rightarrow V$），$\beta$ 映射关系为边（即 $R \rightarrow E$），则 SA 可以视为图 $G = (V,E)$。

其中，$V = \{v_1, v_2, \cdots, v_n\}$，$|V| = N$ 为网络包含的结点数目；$E = \{e_1, e_2, \cdots, e_m\}$，$|E| = M$ 为网络包含的边的数目。网络的邻接矩阵为

$$A = \begin{pmatrix} a_{11} & a_{12} & \cdots & a_{1n} \\ a_{21} & a_{22} & \cdots & a_{2n} \\ \vdots & \vdots & & \vdots \\ a_{n1} & a_{n2} & \cdots & a_{nn} \end{pmatrix}$$

其中，$a_{ij} \in \{0,1\}$，$i, j = 1, 2, \cdots, n$，表示结点 $i$ 与结点 $j$ 之间是有边连接。当 $a_{ij} = 1$ 时，表示结点 $i$ 与结点 $j$ 之间有边连接；当 $a_{ij} = 0$ 时，表示结点 $i$ 与结点 $j$ 之间没有边连接。

# 6.3　基于度和度中心性的结点重要性度量方法

## 6.3.1　算法基础

【定义 6.2】　在静态结构网络拓扑图中，结点 $i$ 的度是指与结点 $i$ 相连接的边的数量，即

$$d(i) = \sum_{j \in G} a_{ij} \tag{6.1}$$

连接结点的边越重要，结点越重要[10]。

【定义 6.3】　边 $ij$ 的权重为边 $ij$ 的两个顶点的度的乘积[10]，即

$$\omega_{ij} = d(i) \times d(j) \tag{6.2}$$

【定义 6.4】　带有边权的结点 $i$ 的权重等于所有与结点 $i$ 相连的边的权重之和[10]，即

$$\omega_i = \sum_{j \in H_i} \omega_{ij} \tag{6.3}$$

式中，$H_i$ 为结点 $i$ 的所有邻居结点的集合。

由定义 6.4 可知，一个结点的重要程度取决于与这个结点相连的边的权值。而边的权值又取决于两个影响因素：一是结点自身的度；二是这个结点的邻居结点的度。也就是说，结点 $i$ 的度 $d(i)$ 越大，同时结点 $i$ 的邻居结点的度也大，则结点 $i$ 就越重要。

【定义 6.5】　为了消除网络规模对结点权重的影响，将结点 $i$ 的重要性做归一

化处理[10]，即

$$\omega(i) = \frac{\omega_i}{\sum\limits_{j \in N} \omega_j} \qquad (6.4)$$

式中，$\sum\limits_{i \in N} \omega(i) = 1$。

## 6.3.2　算法描述

由于软件系统是人工设计的复杂网络，其结构是由软件开发人员实现它的方式所决定的，不同功能、不同规模的软件其网络的拓扑结构都是不相同的。通常对于一个大规模的软件网络，单独的一个人或者几个人已经很难决定软件结构的拓扑组织，开发者之间相互牵制，问题领域的各个概念也相互联系[12]，故大型复杂软件系统的设计是将复杂的问题分解为多个部分，再由多个开发者共同完成。也正是软件网络设计过程中的这种特点，导致软件网络各个模块具有高内聚、低耦合的特点。所以在度量软件网络的结点重要性时，不仅要考虑结点在模块中的重要程度，还要考虑结点在整个软件系统中的重要程度。6.1 节中的结点重要性描述方法是基于结点自身的度及该结点的邻居结点的度的算法，是基于局部特征的结点重要性度量方法，为了平衡该衡量方法的局域性，加入度中心性这个度量指标来重新评估结点重要性。

【定义 6.6】　度中心性是指结点 $i$ 的实际度值与可能存在的最大度值的比值，即

$$\mathrm{DC}(i) = \frac{d(i)}{N-1} \qquad (6.5)$$

度中心性表示一个结点与其他结点的直接通信能力，数值越大，该结点在网络中越重要。

【定义 6.7】　为了平衡定义 6.5 结点重要性度量方法的局域性，将结点重要性 $P(i)$ 重新定义如下：

$$P(i) = \omega(i) \cdot \mathrm{DC}(i) \qquad (6.6)$$

图 6.1 是由 10 个网络结点构成的简单网络，用上述方法计算各个结点的重要程度，结果如表 6.1 所示，各边的权重值如表 6.2 所示。从图 6.1 和表 6.1 的计算结果可以看出，虽然结点 4 和结点 6 的度和度中心性相同，但是由于与这两个结点相连的边的权重不同，这两个结点的重要程度是不同的，删除结点 6 显然比删除结点 4 对网络造成的损坏程度大。结点 4 和结点 7 的度虽然不同，但是与结点 7 相连的边的权重较与结点 4 相连的边的权重大，因此 $\omega(4)$ 与 $\omega(7)$ 的值相同，然而在加入度中心性这一度量指标后，结点 4 的重要程度要远大于结点 7。从网络的拓扑结构图中也可以看出，删除结点 4 后对网络造成的损失比删除结点 7 后对网络造成的损失要大，由此可知加入度中心性这一度量指标对于结点重要性的评价具有重要意义。

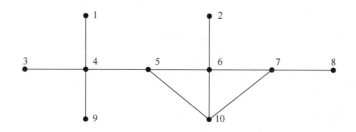

图 6.1 由 10 个结点组成的简单网络

表 6.1 图 6.1 网络中各结点各种指标计算结果

| ID | $d(i)$ | $\omega_i$ | $\omega(i)$ | DC($i$) | $P(i)$ |
|---|---|---|---|---|---|
| 1 | 1 | 4 | 0.0235 | 0.11 | 0.0026 |
| 2 | 1 | 4 | 0.0235 | 0.11 | 0.0026 |
| 3 | 1 | 4 | 0.0235 | 0.11 | 0.0026 |
| 4 | 4 | 24 | 0.1412 | 0.44 | 0.0621 |
| 5 | 3 | 33 | 0.1941 | 0.33 | 0.0640 |
| 6 | 4 | 40 | 0.2553 | 0.44 | 0.1123 |
| 7 | 3 | 24 | 0.1412 | 0.33 | 0.0466 |
| 8 | 1 | 3 | 0.0176 | 0.11 | 0.0019 |
| 9 | 1 | 4 | 0.0235 | 0.11 | 0.0026 |
| 10 | 3 | 30 | 0.1765 | 0.33 | 0.0582 |

表 6.2 图 6.1 网络中各边的权重值

| ID | $\omega_{ij}$ | ID | $\omega_{ij}$ | ID | $\omega_{ij}$ | ID | $\omega_{ij}$ |
|---|---|---|---|---|---|---|---|
| $\omega_{1,4}$ | 4 | $\omega_{4,5}$ | 12 | $\omega_{6,10}$ | 12 | $\omega_{9,4}$ | 4 |
| $\omega_{2,6}$ | 4 | $\omega_{5,4}$ | 12 | $\omega_{6,5}$ | 12 | $\omega_{10,5}$ | 9 |
| $\omega_{3,4}$ | 4 | $\omega_{5,6}$ | 12 | $\omega_{7,6}$ | 12 | $\omega_{10,6}$ | 12 |
| $\omega_{4,1}$ | 4 | $\omega_{5,10}$ | 9 | $\omega_{7,8}$ | 3 | $\omega_{10,7}$ | 9 |
| $\omega_{4,3}$ | 4 | $\omega_{6,2}$ | 4 | $\omega_{7,10}$ | 9 | | |
| $\omega_{4,9}$ | 4 | $\omega_{6,7}$ | 12 | $\omega_{8,7}$ | 3 | | |

## 6.4 实例验证

为了进一步验证 $P(i)$ 指标对结点重要性的评估效果，本节选择 4 个大型成熟开源软件及自主开发的大型仿真系统，用自行开发的工具 SASP 进行源代码类（模块）的解析和软件拓扑图的可视化构造，以观测其良好设计的内在特征。软件涵盖主要的应用领域：应用软件（VTK、DM、AbiWord）、数据库（MySQL）。并用计算方法将各个结点按照其重要程度进行排序，采用结点删除法依次删除各个网络中排名靠前的结点，计算结点删除后各个软件网络的网络效率，进行对比。网络效率是用来表示网络连通性好坏的指标，通常一个网络的连通性越好，该网络的连通效率越高[12,13,15-17]。

　　VTK 软件具有 786 个结点、1327 条边，经计算其各个结点的重要程度如图 6.2（a）所示。按照一定比例（$\chi$）选择性地删除排名靠前的结点，观察其网络效率下降的幅度，发现随着删除结点比例的增大，VTK 软件网络效率按照一定的线性规律下降：当重要性排名前 20% 的结点被删除后，VTK 软件的网络效率迅速下降；当重要性排名 20%～35% 的结点被删除后，VTK 软件的网络效率继续下降，但下降的速度明显放缓；当重要性排名前 50% 的结点都被删除后，VTK 软件的网络效率的下降程度达到 90% 以上，在一定程度上可以看作整个网络已经死亡。4 个软件的网络效率下降趋势曲线如图 6.3 所示。

　　AbiWord 和 DM 软件分别具有 1093 个结点、1817 条边和 187 个结点、238 条边。经计算其各个结点的重要程度分别如图 6.2（b）和（d）所示。按照一定比例（$\chi$）选择性地删除排名靠前的结点，观察其网络效率下降的幅度，发现随着删除结点比例的增大，两种软件的网络效率下降的趋势大致相同：当重要性排名前 30% 的结点被删除后，两种软件的网络效率迅速下降；当重要性排名 30%～50% 的结点被删除后，两种软件的网络效率继续下降，但下降的速度明显放缓，最终两种软件的网络效率下降到原网络效率的 70%。

　　MySQL 软件具有 1497 个结点、4186 条边，经计算其各个结点的重要程度如图 6.2（c）所示。按照一定比例（$\chi$）选择性地删除排名靠前的结点，观察其网络效率下降的幅度，发现随着删除结点比例的增大，MySQL 软件的网络效率下降的趋势与前 3 个软件的下降趋势大致相同，但在下降程度上较前 3 个网络要小很多，最终网络效率的下降到原网络效率的 50% 左右。

　　通过 VTK、AbiWord、MySQL 和 DM 共 4 个软件网络的稳健性仿真研究结果可以看出，虽然 4 个软件网络的网络效率下降的趋势基本相同，但最终下降的程度仍然有很大差别，这与 4 个软件网络自身的拓扑结构是相关的：VTK、AbiWord 与 DM 这 3 个软件属于应用型软件，MySQL 是典型的数据库软件，这 4 个软件网络的聚合度与耦合系数存在差别。从图 6.3 中可以看出，结点重要性度量指标 $P(i)$ 对大型应用软件网络更为适用。

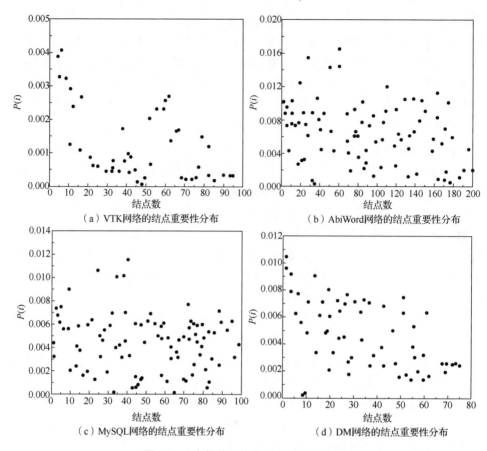

（a）VTK网络的结点重要性分布

（b）AbiWord网络的结点重要性分布

（c）MySQL网络的结点重要性分布

（d）DM网络的结点重要性分布

图 6.2　4 个软件网络的结点重要性分布

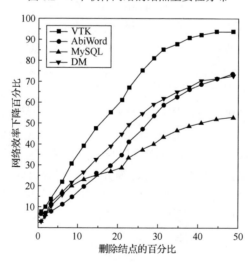

图 6.3　4 个软件的网络效率下降趋势曲线

# 6.5　本章小结

本章介绍了几种经典的结点重要性排序算法，包括度排序算法、度中心性结点排序算法、介数中心性排序算法、接近度中心性排序算法、特征向量中心性排序算法、PageRank 排序算法、LeaderRank 排序算法及 HITS 排序算法，并分析了每种算法的性能和优缺点。

本章主要内容如下。

（1）分析了复杂网络中结点的重要程度不仅与结点自身的度及其邻居结点的度相关，还与结点的度中心性这一全局特征有关。

（2）在传统排序算法的基础上提出了一种基于网络拓扑结构的局部特征和全局特性的结点重要性度量指标 $P(i)$，该指标以计算结点自身及其邻居结点的度等局部信息为基础，并通过结点的度中心性等全局信息来平衡度量方法的局域性。

（3）为了验证这种新算法的可行性，本章先选取一个简单的算例对算法的可行性进行理论分析，再选取 4 个大型开源软件网络进行验证。

（4）实验结果证明，新的结点重要性度量指标 $P(i)$ 对大型软件网络的结点重要性评估具有较高的有效性，对大型应用软件网络显示出突出的度量效果，且这一新的度量指标与软件网络的拓扑结构存在一定关系，未来将进一步探讨软件网络的拓扑结构对大型软件结点重要性度量的影响。

## 参 考 文 献

[1] 郑金连，狄增加. 复杂网络研究与复杂现象[J]. 系统辩证学学报，2005，13（4）：8-13.

[2] WILLIAMS R J, MARTINEZ N D. Simple rules yield complex food webs[J]. Nature, 2000, 404(6774): 180-183.

[3] FALOUTSOS M, FALOUTSOS P, FALOUTSOS C. On power-law relationships of the internet topology[J]. Computer communications review, 1999, 29(4): 251-262.

[4] NEWMAN M E J. The structure and function of complex networks[J]. SIAM review, 2003, 45(2): 167-256.

[5] ZHANG H H, ZHAO X S, YU X H, et al. Complex network characteristics and evolution research of software architecture[C]//XU B. 2016 IEEE advanced Information Management, Communicates, Electronic and Automation Control Conference. Chongqing, 2016: 1785-1788.

[6] KINNEY R, CRUCITTI P, ALBERT R, et al. Modeling cascading failures in the north American power grid[J]. The european physical journal B, 2005, 46(1): 101-107.

[7] GUIMERA R, AMARAL L A N. Modeling the world-wide airport network[J]. The european physical journal B, 2004, 38(2): 381-385.

[8] FREEMAN L C. A set of measures of centrality based on betweenness[J]. Sociometry, 1977, 40(1): 35-41.

[9] FREEMAN L C. Centrality in social networks conceptual clarification[J]. Social networks, 1979, 1: 215-239.

[10] BRYAN K, LEISE T. The $25,000,000,000 Eigenvector: the linear algebra behind Google[J]. SIAM review, 2006, 48(3): 569-581.

[11] BERKHIN P. A survey on PageRank computing[J]. Internet mathematics, 2005, 2(1): 73-120.

[12] LU L, ZHANG Y C, CHI H Y, et al. Leaders in social networks, the delicious case[J]. Plos one, 2011, 6(6): e21202.

[13] KLEINBERG J M, KUMAR R, RAGHAVAN P, et al. The web as a graph: measurements, models, and methods[C]//International Conference on Computing & Combinatorics, 1999.

[14] WEST D B. Introduction to graph theory（英文版）[M] 2nd Ed. New Jersey: Prentice Hall PTR Upper Saddle River, 2001.

[15] 陈静，孙林夫. 复杂网络中节点重要度评估[J]. 西南交通大学学报，2009，44（3）：426-429.

[16] 王建伟，荣莉莉，郭天柱. 一种基于局部特征的网络节点重要性度量方法[J]. 大连理工大学学报，2010，50（5）：822-826.

[17] SOLE R V, FERRER R, MONTOYA J M, et al. Tinkering and emergence in complex networks[J]. Complexity, 2002, 8(1): 20-33.

# 第7章 基于双重度和邻聚系数的结点重要性排序方法

软件网络中重要结点的保护一直是软件工程中关注的问题。与社交网络、交通网络、蛋白质网络等网络一样，软件网络是复杂网络的一种，因此可以从复杂网络的角度识别软件网络中的重要结点。在复杂网络中，不同拓扑结构的网络对不同的网络攻击显示出不同的容错性和可靠性[1-3]。例如，对于随机攻击，无尺度网络比随机网络显示出更强的容错性，有时候近 80%的结点遭到破坏而余下的结点依然能保持网络畅通；但对于选择性攻击，无尺度网络就变得异常脆弱，甚至仅 5%的结点遭受攻击就能够导致整个网络瘫痪[4]。基于复杂网络的这一特征，本章定义了两种新的复杂网络静态特征量，并在此基础上提出了一种新的结点重要性度量方法。

## 7.1 双重度分布

### 7.1.1 双重度

结点的度是复杂网络静态结构度量中最基本、最简单的结点属性，也是几种经典的结点重要性度量指标之一。通常，结点的度定义为与该结点相连的其他结点的数目，也就是说，结点的度反映了复杂网络拓扑结构的局部中心性。然而大量的研究证明，网络中结点的重要性不仅与结点自身的度有关，还与这个结点的邻居结点的度有关。因此，在这里定义一种新的网络静态特征量——双重度。

**【定义 7.1】** 双重度是指结点的度与结点可能出现的最大的度之比与结点的邻居结点的度均值的和，即

$$K_i^* = \frac{k_i}{k_{\max}} + \frac{1}{|N_{ij}|} \sum_{j \in G} k_j \qquad (7.1)$$

式中，$k_j$ 表示结点 $i$ 的邻居结点的度；$N_{ij}$ 表示结点 $i$ 的邻居结点的集合；$|N_{ij}|$ 表示结点 $i$ 的邻居结点的数目；$k_{\max}$ 表示结点 $i$ 可能出现的最大的度。

### 7.1.2 几种软件网络的双重度分布

从双重度的定义可以看出，复杂网络中结点的双重度不仅反映了结点自身的信息，还反映了结点的邻居结点的信息。为了验证双重度这一复杂网络静态特征

量的特性，本节选取了 10 个大型成熟开源软件及自主开发的大型仿真系统，用自行开发的工具 SASP 进行源代码类（模块）的解析和软件拓扑图的可视化构造，以观测其良好设计的内在特征。软件涵盖主要的应用领域：应用软件（VTK、DM、AbiWord、XMMS、JDK-A）、数据库（MySQL）、分布式系统（Mudsi）、游戏（ProRally）、操作系统（Linux）、工业仿真（Wemux）。部分系统的拓扑结构如彩图 11 所示，从中可直观地看出，多数结点的连接数很少，而少数结点的连接数非常多，大规模软件结构在空间上呈现出与随机结构截然不同，却与生态网络相似的无尺度复杂网络特征，表明软件系统也是复杂网络的一个子集。这 10 个软件样本的结点数与边数如表 7.1 所示。

**表 7.1　10 个软件样本的结点和边的数量**

| 统计值 | 软件样本 | | | | | | | | | |
|---|---|---|---|---|---|---|---|---|---|---|
| | VTK | DM | AbiWord | XMMS | JDK-A | MySQL | Mudsi | ProRally | Linux | Wemux |
| $N$ | 786 | 227 | 1093 | 971 | 1360 | 1497 | 182 | 1983 | 5418 | 278 |
| $L$ | 1372 | 238 | 1817 | 1798 | 1943 | 4186 | 264 | 4977 | 11367 | 842 |

通过对这 10 个软件样本的分析计算得到它们的双重度分布图，如图 7.1 所示。由图 7.1 可以看出，这 10 个软件样本的双重度分布都呈相同的变化趋势，即只有少量的结点显示出较高的双重度值，其余大量结点的双重度值较低。这 10 个软件样本的平均双重度分布值集中在 0.1~0.25，其中 JDK-A、ProRally 和 Linux 这 3 个软件样本由于自身结点数目较多其双重度值明显高出其他软件样本。

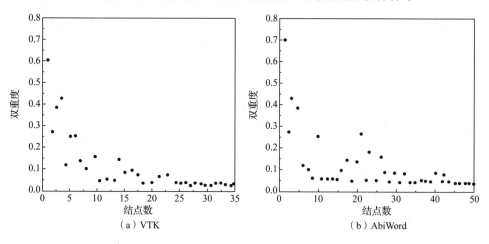

图 7.1　10 个软件样本的双重度分布

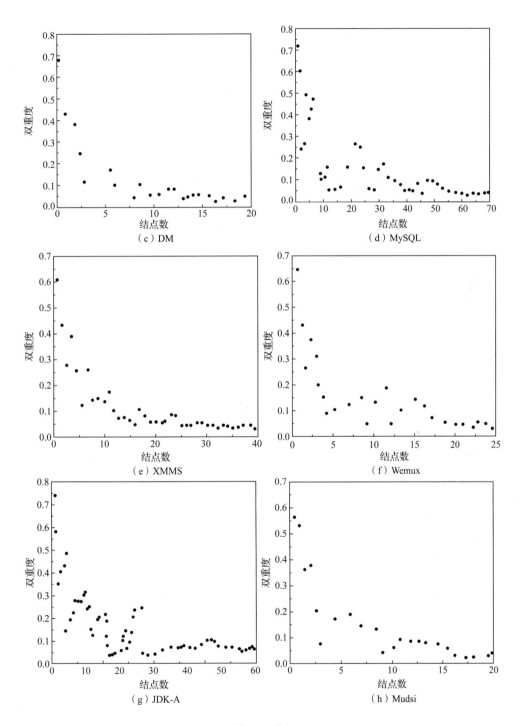

图 7.1（续）

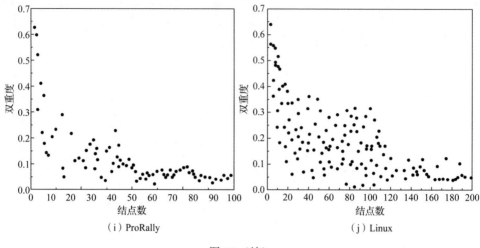

（i）ProRally　　　　　　　　　　　　（j）Linux

图 7.1（续）

# 7.2　邻聚系数分布

### 7.2.1　邻聚系数

在复杂网络的各种静态特征量中，聚集系数是专家、学者常用的度量指标，用来描述网络中结点的集聚特性。通常在一个网络中，结点 $i$ 的聚集系数等于以结点 $i$ 为顶点的三角形的数量与以结点 $i$ 相连的三元组的数量的比值。从聚集系数的定义可知，聚集系数并没有考虑到结点 $i$ 的间接邻居的连通性，也无法解决大结点度网络结点的问题。众所周知，在大型复杂网络中，结点之间的联系对网络结构的变化及网络的复杂度有重要影响，因此在这里提出聚集度的新度量——邻聚系数来表示邻居结点的规模和集聚程度，同时用来度量大型软件网络的静态特征。

【定义 7.2】　邻聚系数表示结点 $i$ 的邻居结点在结点 $i$ 周围的聚集情况，是结点的聚集系数与邻居系数的乘积，即

$$C_i^* = C_i \cdot c_i \tag{7.2}$$

式中，$C_i$ 表示结点 $i$ 的聚集系数；$c_i$ 表示结点 $i$ 的邻居系数。

【定义 7.3】　结点 $i$ 的邻居系数 $c_i$ 表示结点 $i$ 的间接邻居也是其直接邻居的概率[5]，即

$$c_i = \frac{|N_1 \bigcap N_2|}{|N_2|} \tag{7.3}$$

式中，$N_k$ 为从结点 $i$ 经过 $k(k=1,2)$ 步可达的结点集合。

邻居系数不仅包含结点 $i$ 的直接邻居的连通性信息，还包含该结点的间接邻

居的信息。因此，将邻居系数与聚集系数两种度量指标综合考量比单一使用一种度量指标对网络的度量结果更加全面、有效。

## 7.2.2　几种网络的邻聚系数分布

为验证大型软件网络的邻聚特性，依然选取 VTK、DM、AbiWord、XMMS、JDK-A、MySQL、Mudsi、ProRally、Linux 和 Wemux 这 10 个大型成熟开源软件作为实验样本进行验证，这 10 个软件样本的邻聚系数分布如图 7.2 所示。

由图 7.2 可以看出，这 10 个软件样本的邻聚系数分布都呈相同的分布趋势，即大多数结点的邻聚系数的值相差不大，分布趋势呈聚集状，只有少数结点的邻聚系数值较平均值偏大或者偏小，分布在聚集区周围。通过对比这 10 个软件样本的邻聚系数分布图可以发现，结点越多的软件样本的邻聚系数的集聚程度越高，如 VTK、AbiWord、MySQL、JDK-A、ProRally、Linux 这 6 个软件；结点数目相对较少的软件样本的邻聚系数的集聚程度相对较低，如 DM、XMMS、Wemux 和 Mudsi 这 4 个软件。这一结果再一次证明了复杂网络所存在的小世界特征。

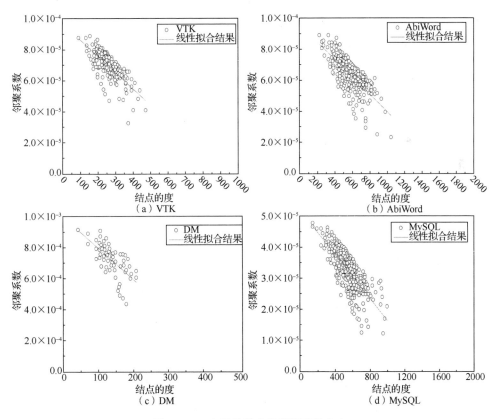

图 7.2　10 个软件样本的邻聚系数分布

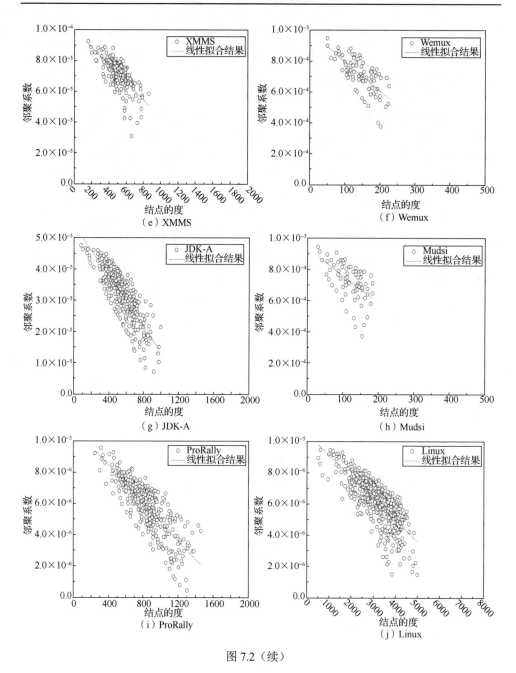

图 7.2（续）

## 7.3　结点重要性的排序方法

基于传统结点重要性排序方法的缺陷和不足之处，我们认为有必要提出一种更好的算法来融合各种算法之间的差异，以弥补传统结点重要性排序方法的不足。

因此，本节基于刚刚定义的新的复杂网络静态特征量——双重度和邻聚系数提出一种新的结点重要性度量方法，使其正确反映新的复杂网络静态特征量不同作用力的综合结果。其模型流程图如图 7.3 所示。

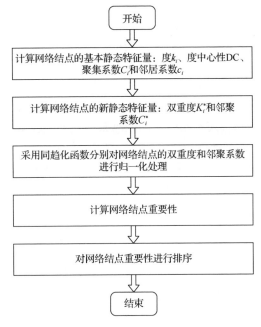

图 7.3　基于双重度和邻聚系数的结点重要性排序方法模型流程图

该方法的具体步骤如下。

（1）计算网络结点的基本静态特征量：度 $k_i$、度中心性 DC、聚集系数 $C_i$ 和邻居系数 $c_i$。

（2）计算网络结点的新静态特征量：双重度 $K_i^*$ 和邻聚系数 $C_i^*$。

（3）采用同趋化函数[6]分别对网络结点的双重度和邻聚系数进行归一化处理，即

$$P_1 = \frac{K_i^*}{\sqrt{\sum_{j \in G} K_j^*}} \quad (7.4)$$

$$P_2 = \frac{C_i^*}{\sqrt{\sum_{j \in G} C_j^*}} \quad (7.5)$$

（4）将步骤（3）的计算结果求和计算网络结点的结点重要性 $P_i^*$，即

$$P_i^* = P_1 + P_2 = \frac{K_i^*}{\sqrt{\sum_{j \in G} K_j^*}} + \frac{C_i^*}{\sqrt{\sum_{j \in G} C_j^*}} \quad (7.6)$$

（5）根据步骤（4）的计算结果对网络结点重要性进行排序。

## 7.4　算法仿真与分析

网络效率是用来表示网络连通性的指标，网络的连通性越好，则网络效率越高[7-9]。例如，在一个复杂网络中，如果某个结点受到攻击，意味着与该结点相连的所有边被损坏，导致网络中其他与之相连的路径被中断，网络也可能由于该结点被破坏而分散成若干子网络。此时，如果结点 $i$ 和结点 $j$ 之间存在多条路径，中断其中一条路径可能导致两个结点之间的最短路径变长，从而使整个网络的平均路径长度变长，网络的连通性下降；如果在结点 $i$ 和结点 $j$ 之间只有一条路径，那么在这个结点受到攻击后，会导致结点 $i$ 和结点 $j$ 之间的联系中断，则网络的连通性会严重下降，甚至瘫痪。通常，网络效率定义为结点 $i$ 和结点 $j$ 之间的最短路径的倒数[10,11]，即

$$\varepsilon = \frac{1}{N(N-1)} \sum_{i \neq j} \frac{1}{d_{ij}} \tag{7.7}$$

式中，$\varepsilon \in [0,1]$。也就是说，当 $\varepsilon = 0$ 时，表示整个网络为由多个孤立的结点构成，网络不连通；当 $\varepsilon = 1$ 时，表示网络中的所有结点均可连通，此时网络的连通性最好。

为了验证结点重要性排序方法的效果，通常选择性地删除网络中一定比例的结点进行蓄意攻击仿真，通过计算攻击前后的网络效率来比较各种结点重要性排序方法的准确性。然而这一计算方法时间复杂度高，对于验证大型软件网络的结点重要性排序方法效率较低，为此，通过计算移除重要结点后网络分散成的子网络的数目来验证基于双重度和邻聚系数的结点重要性排序方法。同时，也将这种新的结点重要性排序方法与传统的结点重要性排序指标进行对比，进一步验证这种新的结点重要性排序方法的效果。

依然选取 VTK、DM、AbiWord、XMMS、JDK-A、MySQL、Mudsi、ProRally、Linux、Wemux 这 10 个大型成熟开源软件作为实验样本进行验证，按照一定的比例逐渐删除网络中的重要结点，计算移除重要结点后网络分散成的子网络的数目，以此来比较不同结点重要性度量指标之间的差异，仿真结果如图 7.4 所示。由图 7.4 可以看出，这 10 个软件样本移除部分重要结点后分散成的子网络数目的分布趋势大体相同，即随着移除重要结点比例的增加，原网络分散成的子网络数目也增加。

对比 10 个软件样本的 3 个评价指标对软件网络的作用结果可以发现，3 个折线的变化趋势都呈上升趋势，但 $P_i^*$ 指标的折线上升较为平缓，在移除前 15% 的重要结点时折线上升较快，在此之后折线基本趋于平稳；而 $C_i$ 和 $K_i$ 指标的折线上升

趋势较为稳定，一直呈现子网络数目增加趋势，没有出现明显的变化缓慢期，而且会出现一些波动。因此，本次定义的新的结点重要性度量方法 $P_i^*$ 对于软件网络的结点重要性排序有明显的效果。

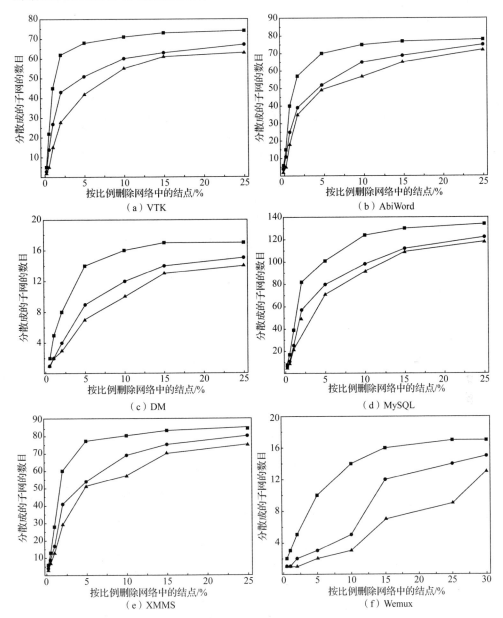

图 7.4　10 个软件样本的 3 种结点重要性排序方法对比

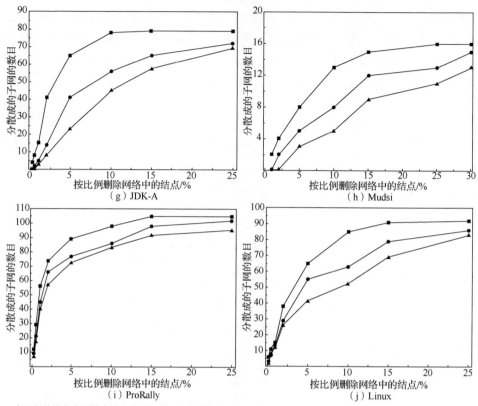

—■—表示新的结点重要性度量方法对软件网络作用的结果；—●—表示以聚集系数为结点重要性度量指标对软件网络作用的结果；—▲—表示以聚集系数为结点重要性度量指标对软件网络作用的结果。

图 7.4（续）

## 7.5　本章小结

本章介绍了两种新的复杂网络静态特征量——双重度和邻聚系数，分析了 10 个大型开源软件网络的双重度和邻聚系数分布。

本章主要内容结论如下。

（1）分析表明，双重度和邻聚系数能够更好地表明复杂网络的静态特征。

（2）利用双重度和邻聚系数建立了一种新的结点重要性排序指标 $P_i^*$，并选取 10 个大型软件网络验证了 $P_i^*$ 对软件网络的结点排序效果，同时将利用 $P_i^*$ 进行结点重要性排序的效果与利用 $C_i$ 和 $D_i$ 指标进行结点重要性排序的结果进行对比。结果证明，基于双重度和邻聚系数的结点重要性排序方法要明显优于基于聚集系数和度的结点重要性排序方法。

# 参 考 文 献

[1] 程克勤，李世伟，周健. 基于边权值的网络抗毁性评估方法[J]. 计算机工程与应用，2010，46(35)：95-96.

[2] HUMBERTO E A, MATTHIAST. Tactical communication systems based on civil standards: modeling in the MiXiM framework[J]. E-print arXiv, 2014, 97(1): 101-105.

[3] BIANCHI G. Performance analysis of the IEEE 802.11 distributed coordination function[J]. IEEE journal on selected areas in communications, 2000, 18(3): 535-547.

[4] ANOUAR H, BONNET C. Optimal constant-window backoff scheme for IEEE 802.11 DCF in finite load single-hop wireless networks[C]//Proceedings of the 9th International Symposium on Modeling Analysis and Simulation of Wireless and Mobile Systems. MSWiM 2006, Terromolinos, Spain, October 2-6, ACM, 2006.

[5] ZHANG K HUANG Y, LI X. Modeling of scale-free network with tunable clustering based on neighbor coefficients[J]. Journal of Tsinghua University(science and technology), 2008, 48(4): 571-577.

[6] ISMAIL M, ABDRABOU A, ZHUANG W. Cooperative decentralized resource allocation in heterogeneous wireless access medium[J]. IEEE transactions on wireless communications, 2013, 12(2): 714-724.

[7] VRAGOVIC I, LOUIS E, DIAZ-GUILERA A. Efficiency of informational transfer in regular and complex networks[J]. Physical review E, 2005, 71(3): 036122.

[8] LATORA V, MARCHIORI M. A Measure of centrality based on the network efficiency[J]. New journal of physics, 2007, 9(6): 188.

[9] 任卓明，邵凤，刘建国，等. 基于度与集聚系数的网络节点重要性度量方法研究[J]. 物理学报，2013，62（12）：522-526.

[10] 贺磊，王直杰. 基于复杂网络的供应链网络效率研究[J]. 计算机仿真，2012（8）：183-186.

[11] 田柳，狄增如，姚虹. 权重分布对加权网络效率的影响[J]. 物理学报，2011，60（2）：803-808.

# 第 8 章  软件静态结构的 BCN 测度体系及评价

度量是一种从经验世界到数学世界的映射，通过这种映射人们更容易理解实体的特性和实体间的关系。软件开发通常会导致"熵死亡"[1]，即从开始的有序状态最终陷入无序的混沌状态。其根源在于开发者对软件系统复杂性的本质特征缺乏认识和合理的度量描述。软件度量学的目的是有效量化软件系统的内部属性，科学评价软件质量，合理统筹资源，更有效地对软件开发过程进行控制和管理，以低成本获得高质量软件。软件度量能帮助开发人员量化以往未发现的工作中存在的不足，从而指导其进行更合理的软件开发。

随着软件技术的发展，软件系统的规模和复杂度剧增，导致软件开发处于失控状态，软件产品的质量无法得到保证。如何理解和量化软件日益增长的复杂性，成为当前软件工程的一个巨大挑战。由于缺乏研究的方法，开发人员很少从整体和全局的角度来审视软件的结构及其进化规律，对软件的本质缺乏清晰的认识。虽然复杂网络研究为探索大规模软件系统的结构特性提供了有力支持，但开发人员对软件结构信息的度量还缺乏系统化、体系化的研究，从而很难将分析成果与软件工程理论进行有效集合，进而应用到实际软件系统的开发过程中。

本章依托之前的研究成果，通过新旧度量参数的研究与分析，基于软件网络，从统计层角度定义软件度量的新测度集——BCN（based on complex network，基于复杂网络），并加以理论证明和实例分析。该度量方法能提高软件可信性，改善软件系统的设计、开发和测试方法。这些结果对提高软件质量具有启示和指导作用。

## 8.1  软件的复杂性度量

复杂系统科学的观点认为，系统的结构会影响其功能、性能和可靠性等其他系统指标[2]。软件产品作为一种人工智能化系统，亦是如此。软件工程学的奠基人 Dijkstra 早在 1968 年就提出，软件工程师不仅要关注系统功能，还要理解软件的结构[3]，因为一个组织良好的软件系统易于维护和重构。在软件工程研究的早期（结构化程序设计方法时期），结构复杂性度量的研究是软件复杂性度量研究最为活跃的一个分支。大多数研究者认为，软件系统复杂性的完整定义应当包括软件的内部结构和外部特性两个方面，其中，内部结构反映软件的静态复杂性，而外部特性反映软件的动态行为复杂性[4]。另外，对软件质量度量模型[5]中 6 个外部质量特性（功能性、效率、易用性、可靠性、可维护性和可移植性）的分析发现，可靠性、可维护性和可移植性都与软件的结构有直接的关系[6]。因此，对软件结构复杂性的研究成为提高软件质量的一个重要途径。

传统的复杂性度量方法主要侧重程序代码和系统类图，很难在较高层次、从整体的角度来度量软件结构的特性，从而难以对软件系统结构复杂性进行深入细致的研究，难以认识软件结构的本质，而复杂网络的研究成果为我们提供了有利的工具。从网络的角度来审视软件结构，有助于刻画和凸显其重要统计特性。建立软件内部属性与外部结构特性之间的关联，并将复杂网络理论有机地融合到软件结构复杂性度量中，结合软件工程思想，多角度分析和度量软件结构的主要特性，为量化软件质量提供了依据。同时，复杂网络理论研究的出现为软件度量提供了一种新型研究手段，跨越微观层面，从宏观层面审视软件结构，从而更好地理解软件开发中的设计规则。

随着软件系统的需求和应用环境朝多向性、复杂性发展，软件系统的行为和结构也越来越复杂。这种复杂的结构容易导致软件脆弱性，脆弱性容易在软件开发和软件使用中出现一些问题及困难。软件工程研究人员正在从各个方面致力于解决这些问题。自然界中，种群的演化过程是个体数量在增长的同时以某种偏好依附等方式选择而形成的稳定的网络结构，这种结构经过了时间的考验。软件作为人工智能化系统，可借鉴这种种群进化模式和网络结构，以解决软件开发中的问题。借鉴复杂网络的研究理论，重点对网络拓扑构造特征进行研究，可以更好地理解结构复杂性，从而设计容错性更好、稳健性更佳的系统结构。

从整体和全局的角度审视软件的结构特性，结合复杂网络理论与软件工程思想，使软件结构网络化，并计算软件网络拓扑构造特征量，发现软件中结构设计存在缺陷的类或模块，并以此为基础，构建一种新型的统计层度量体积，将有助于开发人员在设计的早期阶段分析和检测结构的缺陷，以免等到软件组织工作完成后进行软件测试时才发现大量缺陷，进而有效减少软件缺陷、提高软件质量、缩短开发周期并节省开发成本。

随着面向对象技术和工具的发展日益成熟，传统的度量方法已很难反映面向对象软件系统的基本特征，因此需要新的度量体系来量化这些系统特性。C&K 度量套件和 MOOD 度量方法的提出标志着软件度量学进入了一个崭新的阶段。

### 8.1.1　软件复杂性新挑战

计算机软件自诞生之日起至今已有半个多世纪的历史，时至今日，计算机软件已经广泛应用到社会生活的各个领域。网络技术的发展、计算机硬件水平的不断提高、计算机体系结构的巨大变化使设计和开发更加高级、更加庞大、更加复杂的软件成为可能。大规模软件的应用极大地方便了人们的生活，但由于软件开发至今仍以手动为主，软件规模的增大和功能的增多、目标问题领域复杂程度的增加直接导致大规模软件的开发难度呈几何级数增长。现代大型软件的开发远非一个人所能完成，"团队""协作"等理念已经深入人心。尽管如此，在大型软件的开发过程中，开发人员仍然时常感到力不从心。表面上看，大型软件中任何一个问题都不会导致如此困难，但是这些问题累加在一起时，其导致的软件结构的复杂性仍然超过了人们的想象，所带来的实际影响常常让人感到惊讶。鉴于此，对大型软件复杂性的度量、对软件质量的评价和预测已经成为软件工程领域面临的一个挑战[7]。

软件是影响世界各个领域的强大"驱动力"，如何更有效、更快捷地开发高质量的软件是软件界孜孜以求的目标[8]。随着软件技术的发展和互联网的普及，为处理繁重和重复性的工作，人们对应用软件的依赖与日俱增、对软件质量的要求越来越高。这导致了系统规模的激增和软件应用环境的日益复杂，使软件开发的风险增加、软件质量难以得到有效的保证，软件系统的质量问题始终困扰着软件开发人员和研究人员，这就是大家熟知的"软件危机"。软件生产是逻辑性很强的智力活动，其产品质量没有严格的标准可以直接检测，因而难以得到有效控制和保障[9]。因此，开发具有正确性、可用性及开销合宜的高质量软件产品就成为软件开发人员和研究人员的共同目标[10]。

软件的复杂性来源于多个方面：计算机本身的复杂性；软件所描述世界本身的复杂性；人对现实事物的认知与其被计算机认知的方式根本不同所造成的翻译过程的复杂性；人在构建软件的过程中的认知与组织的复杂性等。在这些复杂因素的作用下，复杂性已经成为软件的基本属性。软件的复杂性能够导致分析、设计、测试、维护和修改软件困难，并且这种复杂性会随着时间的推移与日俱增。软件这种本质的复杂性使软件产品（结构、行为等）难以被理解（事实上，也没有人能够真正从整体上理解一个由上千万行程序代码所组成的大型软件系统），进而影响软件过程的管理和软件的维护与二次开发。同时，结构化程序设计和面向对象系统设计的实践研究也表明，软件的复杂性和可变性是导致软件错误的主要因素，极大地影响了软件产品的质量[11-13]。因此，如何认识、度量、管理、控制乃至降低软件的复杂性，是软件工程面临的挑战性问题。解决"软件危机"的关键是解决软件固有的复杂性问题[14]。

### 8.1.2　软件缺陷与软件缺陷检测

软件无处不在，然而软件开发不同于其他产品的制造，软件开发的大部分过程是设计过程。另外，软件开发不需要使用大量的物质资源，而需要大量的人力资源。

软件开发人员思维上的主观局限性和软件系统的客观复杂性，决定了开发过程中出现软件缺陷是不可避免的[15]。软件缺陷是软件产品的固有成分，软件缺陷是软件"与生俱来"的特征。不管是小程序还是大型软件系统，无一例外地都存在缺陷。这些软件缺陷，有的容易表现出来，有的隐藏很深难以被发现；有些对使用影响较小，有些会造成财产甚至生命的巨大损失。软件从最初的设计到最后的退出使用，需要开发人员、用户和维护人员的大量智力劳动。为了保证软件质量，必须对软件中存在的缺陷进行有效的预测。

美国质量保证研究所对软件测试的研究结果表明，越早发现软件中存在的问题，开发费用就越低，如果缺陷是在测试组测试过程中发现的，而不是被用户使用时发现的，那么所花费的成本将小得多。同时，如果缺陷是被开发组在开发过程中发现的，那么所付出的代价将更小[16]。在编码后修改软件缺陷的成本是编码前的 10 倍，在产品交付后修改软件缺陷的成本是交付前的 10 倍。软件质量越高，软件发布后的维护费用越低。于是很多开发部门想在软件交付用户使用之前来排除所有的缺陷，但实际上这是不可能的。因为受到时间、资金、资源等多种因素的限制，所以应在软件产品交付用户使用之前进行缺陷数量预测，预测代码中的缺陷数量是否维持在一个可接受的水平之下，由此来判断该软件是否可以交付用户使用。同时，对决策者来说，估计目前软件的测试到了哪个阶段、还应该继续到什么水平是很重要的。另外，测试不仅是为了找出缺陷，还是为了分析缺陷产生的原因和缺陷在开发的哪一个阶段产生，从而避免类似缺陷的产生，提高软件开发质量。

## 8.1.3　软件度量研究

软件度量的基础性工作是在 20 世纪 60 年代，主要是 70 年代建立的。最早在 1968 年，Rubey 和 Hurtwick 便提出了软件度量学。20 世纪 70 年代，Halstead 提出了软件科学理论[8,9]。Halstead 认为，任何一门学科要成为科学，都必须将理论与实践相结合，而软件度量学正是反映这种结合的学科。1976 年，T. J. McCabe 提出了环形复杂度度量[8,17]。20 世纪 90 年代，随着面向对象技术的兴起和广泛应用，人们开始针对面向对象特点展开度量研究。1993 年，Lorenz 提出了 11 个面向对象度量，并提供了一些度量检验规则[18]。这些规则来自工业的面向对象项目的实验，有一定的参考价值。1994 年，Kidd[19]等出版了一套介绍多个面向对象度量的著作，扩展了他们对度量的研究工作。1993 年，IBM 面向对象技术委员会也出版了含有给产品部门建议的面向对象度量白皮书。Chidamber 等[20]于 1994 年提出了 6 个面向对象设计和复杂性的度量，即 C&K 度量组。Abreu[21]于 1995 年提出了面向对象软件度量方法 MOOD。Chidamber 等在一个使用 C++语言的公司、一个使用 Smalltalk 的公司内部进行的经验研究中使用了这 6 个度量，结果表明现实环境中收集度量的可行性，并反映出继承的使用不足。Basili 等[22]1996 年在 Maryland 大学设计和开展了超过 4 个月的经验研究，以评价 C&K 度量在预测发现故障类的可能性时是否有用。在 Basili 等的研究中，除了一些正面的发现外，还发现类的内聚缺乏度（lack of cohesion in methods，LCOM）在预测缺陷类时缺乏辨别能力。1999 年 Rosenberg 等讨论了美国国家航空航天局（National Aeronautics and Space Administration，NASA）软件保证中心的面向对象项目中使用的度量[23]。他们使用了 6 个 C&K 度量加上 3 个传统度量，即环形复杂性、代码行和注释百分比。2005 年，Gyimothy 等[24]将 C&K 度量组应用到开源软件中，并分析研究了这些度量结果与软件中存在的缺陷的关系。

　　一些软件工程领域的研究人员也开始把复杂网络理论和方法引入软件复杂性度量学中。2005 年，Vasa 等根据软件网络的边数及结点数之间的关系来研究系统结构的变化，从而预测软件的规模和构造该系统所需的代价[25]；随后，他们又提出了一套度量指标[26]来检测开发过程中面向对象软件结构稳定性的变化，并且发现类的规模和复杂性的分布随时间推移变化不大，而那些有较大入度的类倾向于被修改，这对于开发人员进行实际的系统开发具有实际的指导意义。2005 年，Ma 等[27]根据结点的度来定义结构熵，用于衡量结构的异质性，以此来对软件系统的结构复杂性进行定性分析和评估。2006 年，Ma 等[28]又进一步提出了一个层次型的度量体系，即将不同的度量方法集成起来，在代码级（使用如 McCabe 环形复杂度度量方法）、类级（使用如 C&K 度量套件和 MOOD 方法）和系统级（使用复杂网络基本参数）分析软件系统的结构复杂性，为评价系统的质量提供依据。

　　同时，Girolamo 等[29]以面向对象软件系统为研究对象，根据介数等指标定义了一套度量方法（类层、网络层和设计层），在不同层次识别和检测软件结构的缺陷以及有问题的类，从而对设计的质量进行评价。Liu 等[30]则把软件系统看作软件耦合网络来研究，发现 C&K 度量方法中的 CBO 和 WMC 指标在实际系统中的分布符合幂律规律，并进一步揭示了结构与功能之间存在的内在联系。随后，李兵等[31]提出了一种生长的网络化模型 CN-EM，该模型将演化算法引入软件复杂性度量中，能较好地刻画实际软件系统中复杂网络特性出现的演化过程。

　　2007 年之后，研究者更侧重于将复杂网络方法和具体的程序实现方法结合起来，从而对设计的系统和编写的代码进行质量评估。Melton 等研究了 81 个开源系统类之间的依赖关系，发现那些声明了从其他类访问的非私有成员的类更容易形成依赖环，从而使系统的复杂度增加、稳定性降低，为开发人员编写高质量的程序代码提供了有力指导[32]。Ma 等[27,28]研究了在 6 个软件系统中出现频率较高的子图，依据结构稳定性指标发现统计重要性较高的子图都拥有较稳定的结构，而较稳定的结构都没有环的出现，这从另一个侧面说明了设计人员开发程序时应遵循的准则：尽量避免环的产生。Zhang 等[33]将社会网络分析方法引入软件网络的结构复杂性分析，提出了静态结构复杂性分析方法和基于 $k$ 核的结构定性分析方法，这些度量指标的有效性已在一些开源软件系统中得到验证，从而从图论的角度为系统设计提供了指导思想。

## 8.1.4　C&K 和 MOOD 度量方法

Chidamber 等[34]于 1994 年提出了 6 个面向对象设计和复杂性的度量，后来这些度量通常被称为 C&K 度量组。与此同时，其他一些研究人员针对 C&K 的研究方法做了部分实验和前瞻性预见，验证了该方法的可行性和有效性。如今，C&K 方法已为研究人员和开发人员所理解，并被广泛应用于实际的面向对象软件开发中。C&K 度量组的理论基础是 Bunge 的数学本体论，并用 Weyuker 公理作为评价标准。

C&K 度量组包含 6 个度量指标：①类的加权方法数（WMC），揭示了开发和维护一个类的代价，而且一个类的 WMC 越大，对子类的潜在影响就越大，其通用性和重用性就越差；②继承树的深度（depth of inheritance tree，DIT），一个类的 DIT 越大，说明它可能继承的方法就越多，并且所继承方法的潜在重用性会越好，但预测它的行为将更加困难，同时也会增加设计的复杂性；③子类数目（number of children，NOC），一个类的 NOC 越大，表明其重用性越好，但该类抽象不合适的可能性就越大，因而应成为测试的重点；④对象类之间的耦合（CBO），类之间过多的耦合对系统设计和重用是有害的，一个类越独立，它就越容易被重用，但一个类的 CBO 越大，对其他部分的变化就越敏感，因此就越难以维护；⑤类的响应集合（response for a class，RFC），一个类的 RFC 越大，就意味着该类的测试和调试将更复杂，因为类中可激活的方法越多，测试所花费的时间和人力就越多；⑥类的内聚缺乏度（LCOM），一个类的 LCOM 越大，意味着该类可以分为两个或更多的子类，同时也表明类的复杂度会增加，导致在开发过程中出错的可能性增大。

1995 年，Abreu 领导的 MOOD 项目组针对面向对象属性，在系统层次上提出了一套称为 MOOD 的度量算法集[21]。MOOD 算法是针对面向对象方法的 4 个主要特性分别提出的度量方法。考虑到方法和属性的区别，MOOD 给出了 6 个度量公式，并以此建立了一套面向对象软件系统的度量指标集，从系统级的角度来度量软件的质量。

MOOD 度量方法包含两个用于对封装进行度量的指标：方法隐藏因子（method hiding factor，MHF）和属性隐藏因子（attribute hiding factor，AHF）。值越大，系统中方法和属性的封装性越好。MOOD 度量方法使用属性继承因子（attribute inheritance factor，AIF）和方法继承因子（method inheritance factor，MIF）两个指标对继承进行度量，使用耦合因子（coupling factor，CF）来度量类之间的耦合，使用多态因子（polymorphism factor，PF）来度量系统中存在多态的可能性。

## 8.1.5　软件网络测度模型

Fenton 等认为，20 世纪 90 年代后期提出的度量方法在一定程度上弥补了 C&K

和 MOOD 方法的缺陷，丰富了面向对象软件度量学的内容，但在预测软件质量方面还存在一些局限性，并且没有关于软件可信性度量和评估的相关标准。

目前，与软件可信性研究相关的学科在国内已具备很好的基础，北京大学、北京航空航天大学、南京大学、国防科技大学、吉林大学和上海交通大学设立了6 个国家级重点学科，在全国范围内有 50 个左右的代表性研究单位，具有上千人的研究队伍，以国家关键应用领域中软件可信性问题为主攻目标，分析、研究和解决相关科学问题。

尽管当前研究人员在软件度量领域内做了大量的研究工作，但仍然存在着许多尚未解决的问题：现有的度量方法多数以模块级度量为主，只度量系统的某一部分外部属性，通过分解整合的方式往往难以从整体上评价系统的质量；都有各自的隐性假定和适用范围，从而使度量结果与实际值之间出现偏差[10]；多数方法计算复杂，难以有效结合设计进行开发和实践应用。目前，软件规模的扩大和复杂性的提高对软件度量提出新的要求，因此寻求一种能真实反映系统结构、具有较高普适性和易用性的软件度量体系成为当前软件度量及软件开发领域的热点问题。

由于复杂网络理论更能体现软件系统的整体结构特征，一些新的软件度量方法不断被提出。Liu 等[30]将传统的 C&K 度量方法和 MOOD 度量方法引入基于复杂网络理论的度量方法中，提出了一套面向软件网络的度量方法，进一步揭示了软件的结构与功能的联系。Jenkins 等基于"无尺度"与二级相变提出了新的度量方法，评价软件系统稳定性和可维护性演化[31-35]。Liu 等[36]提出了用平均繁殖率（average propagation ratio）度量来评价软件网络的适应性和可维护性等。此外，Concas 等[37]通过对 9 个面向对象软件系统结构的研究，发现软件结构具有自相似性，并计算了软件系统在生长过程中的分形维数变化。Zhang 等[33]引入核数及其相关指标，研究了软件网络的层次性及其分形特征。Cai 等[38]根据结点度值的分布引入结构熵，以标准结构熵度量软件网络的有序性。

通过对源代码的解析，可以将软件系统的结构表示成软件静态结构网络拓扑。第 3 章定义了一些基本的网络拓扑特征量，第 4 章研究分析了这些特征量和软件结构特性之间的关系，第 5 章定义了软件核来对软件系统进行层级性和中心性的分析，这些研究总结了复杂网络特征量在软件网络分析中的应用，并探讨了它们与软件结构特征之间的联系。通过这些量的组合和搭配，可以为软件结构的度量提供一种参照模型，借助这个模型，可以量化研究软件结构中隐含的系统性质，可以构造一种用于评价软件结构特征的简单度量集，从而评价和预测软件系统的结构复杂性相关问题。

对前面章节研究的软件网络拓扑特征的基本量进行汇总，如表 8.1 所示。表8.2 结合软件工程相关理论进一步列举了在软件网络分析中发挥作用的重要拓扑特征量及其用途。从表 8.2 可明显看出，一部分特征量适合构建软件系统的测度集，而另一部分则更适合用于系统分析、缺陷检测、系统进化等相关研究。

**表 8.1　软件网络拓扑特征的基本量**

| 特征量 | 符号 | 简单描述 |
|---|---|---|
| 结点数 | $N$ | 结点的数目 |
| 边数 | $M$ | 关系的数目 |
| 度 | $k_v$ | 连接到结点的边数 |
| 平均度 | $\langle k \rangle$ | 网络中所有结点的平均度数 |
| 出度 | $k_{v-\text{out}}$ | 以该结点为发点的边数 |
| 入度 | $k_{v-\text{in}}$ | 以该结点为收点的边数 |
| 度分布系数 | $\gamma / \gamma_{\text{in}} / \gamma_{\text{out}}$ | 大规模软件系统的度呈幂律分布，该参数为其幂指数 |
| 平均路径长度 | $d$ | 任意两点间的平均值 |
| 聚集系数 | $C_v / C$ | 每个结点的聚集系数以及整个网络的平均聚集系数 |
| 度相关系数 | $\text{corr}(k,k)$ | 4 种度相关系数：in-in/out-out/out-in/d-d |
| 介数 | $C_B(v)$ | 描述通过结点 $v$ 的最短路径数目级别 |
| 同配性系数 | $r$ | 网络中结点间的关联性质 |
| 影响度 | $D(v)$ | 直接或间接引用给定结点的结点总数 |
| 依赖度 | $T(v)$ | 给定结点直接或间接依赖的结点的总数 |
| 构造复杂度 | $C(s)$ | 综合引用、依赖关系构建结构的复杂度 |
| 标准结构熵 | $H_s$ | 系统能量分布的均匀性 |
| 结构复杂度 | SC | 基于标准结构熵定义的系统复杂性表征 |
| 核数 | Coreness | 网络结构的最高层核数 |

**表 8.2　软件网络重要拓扑特征量及其用途**

| 特征量 | 符号 | 用途 |
|---|---|---|
| 度 | $k_v$ | 用于度量结点类的重要程度 |
| 出度 | $k_{v-\text{out}}$ | 用于度量结点类依赖其他结点类的程度，值越大其行为越复杂 |
| 入度 | $k_{v-\text{in}}$ | 用于度量被其他结点类依赖的程度，值越大重用的程度越高 |
| 度分布系数 | $\gamma$ | 用于度量软件网络结构的无尺度特征，分析结构和功能的关系 |
| 平均路径长度 | $d$ | 用于度量消息传递代价和软件网络的整体效率 |
| 平均聚集系数 | $C$ | 用于度量软件网络的整体内聚程度 |
| 介数 | $C_B(v)$ | 用于度量结点类的重要程度和关联对整个系统的影响 |
| 同配性系数 | $r$ | 用于判别软件网络中各软件实体的连接倾向 |
| 影响度 | $D(v)$ | 用于度量结点类对整个软件网络的影响程度 |
| 依赖度 | $T(v)$ | 用于度量结点类对整个软件网络的依赖和影响程度 |
| 构造复杂度 | $C(s)$ | 用于度量软件网络整体的构造复杂性 |
| 标准结构熵 | $H_s$ | 用于度量软件网络的有序度 |
| 结构复杂度 | SC | 用于度量软件网络整体的结构复杂性 |

续表

| 特征量 | 符号 | 用途 |
|---|---|---|
| 核数 | Coreness | 用于度量软件网络的层级性和中心性 |
| 度相关系数 | $\mathrm{corr}(k_{\mathrm{in}}, k_{\mathrm{out}})$ | 用于分析结点类的协作关系，发现有问题的单元 |
| 簇度相关系数 | $\mathrm{corr}(c_i, k_i)$ | 用于分析软件网络的层次性和模块化程度 |
| 介度相关系数 | $\mathrm{corr}(B_i, k_i)$ | 用于分析软件网络中重要中介结点的作用 |

### 8.1.6　各种度量方法对比

在面向对象软件系统中，单个类可以用规模、封装、内聚、抽象 4 个特性进行度量，而使用继承、多态、耦合、抽象 4 个特性可以完整地度量类之间的关系。因此，一个面向对象的度量指标体系应当涵盖规模、封装、内聚、耦合、抽象、继承、多态 7 个特性。另外，软件系统指标还包括通信代价和响应能力、复杂性、关系和元素的重要性以及层次性和模块性。

表 8.3 为面向对象度量不同方法的比较。分析表 8.3 可以发现，从单体属性度量的情况看，C&K 度量套件和 MOOD 度量方法都不太完善，需要不断地改进并在实践中进行检验。由于方法自身的一些限制，这两种方法很难在较高层次从整体对系统的特性进行度量。而本章所述的度量体系采用复杂网络的方法来度量系统的统计参数，在单体属性度量方面也有不完善之处，如对多态和继承还没有给出相应的度量参数。但是从软件系统整体角度来讲，本章所述的度量体系揭示了复杂系统部分未知的涌现特征，并结合软件工程、复杂网络和统计物理学 3 个学科的理论进行研究，给出度量定量计算和明确含义，这是其他方法所不具备也未能涉及的。另外，统计层更大的优点是为开发人员提供了系统的概貌描述，便于宏观调控。

表 8.3　面向对象度量不同方法的比较

| 特性 | C&K 度量套件 | MOOD 度量方法 | 统计层度量体系 |
|---|---|---|---|
| 规模 | | | 结点数 |
| 耦合 | CBO 和 RFC | CF | 度 |
| 聚合 | LCOM | | 聚集系数 |
| 多态 | | PF | |
| 继承 | DIT 和 NOC | AIF 和 MIF | 继承树 |
| 依赖 | | | 依赖度 |
| 影响 | | | 影响度、介数 |
| 通信代价和响应能力 | | | 最短路径 |
| 复杂性 | WMC | | 复杂度 |
| 层次性 | | | 核数 |

## 8.2　软件结构的测度和二维测度体系

依据 8.1 节的分析总结，可通过深入研究定义软件系统单元和结构的一个测度集，进而形成合理的、完整的测度体系，揭示软件结构的本质特征，从而对现有软件度量理论在支持大型软件开发方面所面临的局限性进行有益的探讨，推动新的软件度量理论的产生与发展。

### 8.2.1　结点类测度

面向对象软件开发对类有两方面要求：首先是类的设计质量，用内聚性和耦合性来评价，尽可能遵循高内聚、低耦合原则；其次是某个类在系统中的地位及对其他类的影响。前者体现了类内联系的紧密程度，因其本身是主观的、非形式化的概念，开发人员很难进行客观评估，当前众多度量方法都有各自的局限性，从而导致难以实用。而对于后者的度量则很少涉及。因此类测度应满足易于计算、实用、合理、完整等要求。纵观表 8.2，可以提取与结点类相关的重要拓扑特征量加以构造、改进和标准化，定义基于软件网络的结点类测度集。

1. 类耦合性测度 $\alpha_i$

【定义 8.1】　软件网络中，与结点 $v_i$ 关联的边数称为该结点的度数，记作 $k_i$。为消除网络中结点数目对度数的影响，该结点的标准度记为

$$\alpha_i = \frac{k_i}{N-1} \tag{8.1}$$

式中，$N$ 为软件网络中的结点数。

结点度表示同一网络中某结点与其他结点关系的密集程度，标准度的适用范围可扩展到不同软件系统的静态网络间的评价。计算软件网络中结点的标准度可合理衡量相同或不同软件中类间耦合性的差异。

2. 类中介性测度 $\beta_i$

【定义 8.2】　为消除不同软件网络中结点数的影响，依据介数的定义，可得到结点的标准中介度为

$$\beta_i = \frac{B_i}{B_{max}} = \frac{2\sum_{i,j}^{N} \dfrac{g_{inj}}{g_{ij}}}{n^2 - 3n + 2} \tag{8.2}$$

式中，$B_{max}$ 为星形网络的介数；$i,j$ 为结点；$n$ 为网络中的结点数；$B_i$ 为结点的介

数；$g_{ij}$ 为结点 $i$ 到结点 $j$ 的最短路径数目；$g_{inj}$ 为结点 $i$ 到结点 $j$ 的最短路径中经过结点 $n$ 的最短路径数目。

软件系统中不同类、模块间要进行信息交流，作为"桥"的类就非常重要，类的中介性度量的是该类控制其他类之间信息交互的能力。

虽然软件网络中结点度反映了该结点类在软件系统中的重要性，但从 4.4 节的分析可知，结点的影响度和依赖度能反映该结点对其他与之直接和非直接关联结点的影响力及对整个有向网络的贡献，因此更适合作为判断结点类结构复杂度和重要性的指标。

3. 类影响性测度 $\lambda_i$

【定义 8.3】 为消除不同软件网络中结点数的影响，依据影响度的定义（定义 4.2），可得到结点的标准影响度为

$$\lambda_i = \frac{D(v_i)}{N-1} \tag{8.3}$$

4. 类依赖性测度 $\sigma_i$

【定义 8.4】 为消除不同软件网络中结点数的影响，依据依赖度的定义（定义 4.3），可得到结点的标准依赖度为

$$\sigma_i = \frac{T(v_i)}{N-1} \tag{8.4}$$

软件系统中不同类、模块间有复杂的关系，结点类的影响度越大，引用它的类越多，它被重用的次数也多，出错对软件系统的影响也越高。结点类的依赖度越大，它依赖的其他类就越多，其功能越强大，结构越复杂，构造成本就越大，出错的概率也越高。

结点类的测度可用来评价个体类的设计质量和在系统中的重要性，当用于评价的类在不同软件系统构成的软件网络中时，可使用以上 4 个测度（标准化后的值）度量；当用于评价的类处在同一软件系统构成的软件网络中时，可使用以上 4 个测度的简化形式（省略标准化）进行替代度量。

## 8.2.2 结构测度

通常认识有一种误区，认为一个较大的模块在详细说明、设计、编码和测试方面所花费的时间要比较小的模块多，于是直接用软件的规模表示软件的复杂性。这种假设是不成立的，真正决定软件复杂性的是软件内部各因素综合作用表现出来的合力，它与软件整体结构有着密切联系。相比个体单元来说，软件结构整体特性不仅在决定所需开发工作量方面起着重要的作用，还在决定产品的维护等方面占据着重要的位置。

　　由表 8.2 和 4.4 节、4.5 节的研究，比较两种系统复杂度可知，构造复杂度适合对软件系统进行复杂度粗略评价，适用于软件系统的结构分析和进化趋势研究，而基于标准结构熵的结构复杂度综合体现结点间的复杂关系，更适合应用于对软件结构的复杂性进行量化定义，因此可用来定义软件系统的复杂性测度。度量主要关心的是系统的复杂性，软件系统的结构分析和进化更侧重系统有序的分析，因此标准结构熵作为有序度度量，更适合应用于进化趋势研究。

　　1. 软件复杂性（software complexity，SC）测度

　　由表 8.2 和 3.2 节、4.3 节的研究可知，对多数系统来说，短的路径意味着快速的信息交流，现存大量真实网络，如 Internet、生物网络、社会网络等都具有小的平均路径长度，因此可将平均路径长度看作系统效率的测度及网络伸展性和紧密型的测度。

　　2. 软件效率（software efficiency，SE）测度

　　由表 8.2 和第 5 章的研究可知，软件结构的核数和其他特征量相比，能更直观有效地量化软件系统的层级性和中心性，因此可将 Coreness 看作系统层级性的测度。

　　3. 软件层级性（software hierarchy，SH）测度

　　软件成本是软件的价值体现。在软件进化过程中，软件成本主要由测试成本和维护成本决定。有效的测试能大幅减少软件成本，但如何对其进行定量描述和评价始终是一个难题[39]。软件复杂性的本质在于相互纠结的组件依赖关系，关系具有传递性，由表 8.2 和 4.4 节的研究可知，类的影响效应直接影响结构的稳定性和进化，对软件的可靠性、可维护性和软件质量等带来影响，用 $T$ 来表示网络中所有结点影响度的和，则 $T$ 值越大，系统的构造复杂性越大，开发耗费的成本也越高。完全有向网络的成本为最大值 $T_c = N^2$，数量级为 $O(N^2)$。平衡二叉树的成本 $T_t$ 为最小值，设平衡二叉树层数为 $L$，则系统中的组件数为 $N = 2^L - 1$，树成本为

$$T_t = \sum_{i=1}^{L} 2^{L-i}(2^i - 1) = 2^L L - (2^L - 1)$$
$$= (N+1)[\ln(N+1) - 1] + 1$$
$$= (N+1)\ln(N+1) - N$$

数量级为 $O(N\lg N)$。非循环依赖可明显减少维护、测试大型系统的工作量，结构层次化能采用增量式方法进行测试，能更有效地节约成本，进而实现自动化测试。为了便于不同软件系统的比较，进一步作如下定义。

　　【定义 8.5】　为消除不同软件网络中结点数的影响，标准化 $T$ 可得到网络成本 $T_s$：

$$T_S = \frac{T_c - T}{T - T_t} \tag{8.5}$$

表 8.4 列出了 5.3 节中 10 个软件网络的成本,所有的软件网络的成本均在 $(T_t, T_c)$ 区间内并近似有 $T \sim N^{1.47}$,这意味着大型软件有较高的软件成本,图的成本与出度呈线性关系[40],限制出度的最大值可能是降低成本的有效方法,进一步可用 $T_S$ 来衡量层次化接近程度。表 8.4 中 $T_S$ 值说明,大型优秀软件(如 Linux、MySQL 等)的设计中较好地考虑了减少依赖关系、降低测试风险、节约成本等。因此,可将 $T_S$ 看作软件系统成本的测度。

表 8.4　软件网络的成本

| 软件名称 | $N$ | $T$ | $T_t$ | $T_c$ | $T_S$ |
|---|---|---|---|---|---|
| VTK | 786 | 16534 | 6785 | 617796 | 61.7 |
| AbiWord | 1093 | 25581 | 9951 | 1194649 | 74.8 |
| DM | 187 | 1652 | 1233 | 34969 | 79.57 |
| MySQL | 1497 | 42435 | 14305 | 2241009 | 78.2 |
| XMMS | 971 | 22979 | 8676 | 942841 | 64.3 |
| Wemux | 278 | 3702 | 1989 | 77284 | 43 |
| Mudsi | 182 | 1994 | 1193 | 33124 | 38.9 |
| JDK-A | 1360 | 37581 | 12809 | 1849600 | 73.1 |
| Linux | 5418 | 272977 | 61798 | 29354724 | 137.7 |
| ProRally | 1983 | 65177 | 19750 | 3932289 | 85.1 |

4. 软件成本(software price,SP)测度

软件成本量化了较小改动引起的整个耦合结构的变化,对于一个软件系统来说,最小化成本是软件设计的目标。

### 8.2.3　二维测度体系结构

一个完整的测度体系应由两部分组成:类单元测度和系统结构测度。前者从微观描述系统特征,侧重于个体质量好坏、影响力评价等局部特性;后者从整体描述系统特征,侧重于整体结构复杂性、效率、成本等全局特性。将 8.2.1 节和 8.2.2 节 8 个度量指标集成起来,可形成二维空间系统特征的合理测度体系,在宏观和微观层面,从系统和组成元素角度度量大规模软件系统的各种特性,为管理者和开发人员提供翔实的量化数据,分析和理解他们所研制的系统提供依据。

完整的二维测度体系结构简称 BCN 测度体系,如表 8.5 所示,其中带#的测度当前已有多种度量方法并有评价准则,带*的测度为本章新测度,可通过实验加以验证。

表 8.5　软件网络二维测度体系

| 测度类型 | 测度特性 | 符号 | 应用 |
|---|---|---|---|
| 类单元测度 | 类耦合性# | $\alpha_i$ | 评价类的设计质量 |
| | 类中介性* | $\beta_i$ | 评价类的重要性和影响 |
| | 类影响性* | $\lambda_i$ | |
| | 类依赖性* | $\sigma_i$ | |
| 系统结构测度 | 软件复杂性# | SC | 评价软件系统整体特性 |
| | 软件效率* | SE | |
| | 软件层级性* | SH | |
| | 软件成本* | SP | |

# 8.3　BCN 测度体系的评价

评价一个测度体系是否合理、有效，通常采用理论验证和实例验证两种方法。本节采用现有的评判准则，从理论上评价表 8.5 软件网络二维测度体系中带#的测度的合理性。

## 8.3.1　类单元设计的评判准则

Briand[41]提出的类内聚性和耦合性度量准则为设计良好的类度量方法提供了指南。软件网络的分析方法，重点考察类间的耦合关系，可以用耦合性度量准则来对测度体系中的类耦合性测度进行评价，验证其合理性。耦合性度量准则包含以下 5 条性质。

（1）非负性：构件的耦合值不小于零。

（2）空值：如果构件没有对外关联，则构件的耦合值为空。

（3）单调性：构件增加一条对外关联，其耦合值不会减少。

（4）合并不增大：如果两个构件 C1、C2 合并成一个新的构件，其耦合值不大于构件 C1、C2 的耦合值之和。

（5）无关联构件合并等值：如果两个没有关联的构件 C1、C2 合并成一个新的构件，其耦合值等于构件 C1、C2 的耦合值之和。

对面向对象软件系统构成的软件网络来说，BCN 测度体系中类耦合性测度 $\alpha_i$ 很明显符合上述 5 条性质。

面向对象的耦合性度量常用 C&K 度量和 MOOD 度量，其中 MOOD 是系统级的耦合度量，故仅比较 C&K 方法与本度量方法。C&K 方法将类的耦合度定义为"与该类有耦合关系的类的数目"，$\alpha_i$（度）等于 C&K 度量套件中类的 CBO

指标值和 NOC 指标值的和；如果考虑不同的类或对象中方法之间的关联（松散耦合形式），那么结点的度等于 CBO 指标值、NOC 指标值和通过方法的投影计算得到的类或对象间的耦合值之和。此外，C&K 度量类耦合性具有局限性，仅适用于同一软件内不同类的度量，而 BCN 测度体系中类耦合性测度 $\alpha_i$ 无此限制。

### 8.3.2　软件系统结构的评价准则

复杂性是一个定性的概念，其度量值是否有效需进行理论和实验验证，理论验证尚存在争议，当前主要采用 Weyuker 的 9 条性质来验证[42]。下面给出 BCN 测度体系中软件复杂性 SC 的验证。设 $P$ 和 $Q$ 为任意两个软件系统的软件网络图，$|P|$ 和 $|Q|$ 分别表示它们的结构复杂性，$P:Q$ 表示两个软件网络图的合并。

【性质 8.1】　$(\exists P)(\exists Q)(|P| \neq |Q|)$。

由软件网络定义和 4.5 节标准结构熵的定义可知，若软件网络中的结点数和边数都不相同，则权值矩阵 $W$ 不同，SC 值也可能不同。

【性质 8.2】　具有相同复杂性度量值的程序的数目有限。

由软件网络定义可知，软件网络中结点的数目和边数都是有限的，因而 SC 值也有限。

【性质 8.3】　$(\exists P)(\exists Q)(P \neq Q \& |P| = |Q|)$。

实现不同功能的两个软件系统的软件网络可能具有相似的软件静态拓扑及权值矩阵，从而可能有相同的 SC 值。

【性质 8.4】　$(\exists P)(\exists Q)(P = Q \& |P| \neq |Q|)$。

功能相同的软件系统可能具有不同的软件静态拓扑，故 SC 值可能不同。

【性质 8.5】　$(\forall P)(\forall Q)(|P| \leqslant |P:Q| \& |Q| \leqslant |P:Q|)$。

显然，SC 测度不满足性质 8.5。

【性质 8.6】　$(\exists P)(\exists Q)(\exists R)(|P| = |Q| \& |P:R| \neq |Q:R|)$。

$P$ 与 $Q$ 的 SC 值相同但功能并不一定相同，若 $P$ 和 $R$ 具有某些相同的类，$Q$ 和 $R$ 所包含的类完全不相同，则合并所得的两个软件网络图异构，SC 值可能不同。

【性质 8.7】　语句的排列顺序影响程序的复杂性。

由软件网络定义和 4.5 节标准结构熵的定义显见 SC 并不满足性质 8.7。

【性质 8.8】　如果 $Q$ 改名为 $P$，那么 $|P|=|Q|$。

显见 SC 值与软件网络图的名称无关。

【性质 8.9】　$(\exists P)(\exists Q)(|P|+|Q| < |P:Q|)$。

如果软件网络图 $P$ 和 $Q$ 的某些类之间有许多关系，那么合并所得的软件网络图远比 $P$ 或者 $Q$ 要复杂，则 SC 值可能大于 $P$ 和 $Q$ 的复杂性之和。

综上，SC 复杂性度量满足除性质 8.5、8.7 外的其他性质，这并不意味着 SC 测度是无效的。其原因如下：Weyuker 是针对结构化程序的复杂性提出这些性质的，其中没有考虑继承、抽象和封装等面向对象的特征；此外，类图合并是否有意义还有待进一步研究。因此，SC 测度是可以客观评估软件的结构复杂性的。

面向对象的复杂性度量非常少，目前只有 Marchesi 方法和 Genera 方法，两者的共同特点是：都认为类的属性和方法影响软件结构的复杂性，度量直接或者间接地使用它们的数目来评估复杂性；都采用一组度量从不同侧面来评价结构的复杂性。但复杂性是系统特性而不是孤立元素特性，它依赖于系统中各元素之间的关系，关系才是影响其结构复杂性的真正因素，将属性数和方法数作为复杂性度量的评估指标是不合适的；同时两种方法的多点度量难以进行多个软件的复杂性比较。而 SC 测度的优点在于：与类的总数无关，仅与类间的关系有关；包含了用权值来刻画关系的复杂程度，既较忠实地反映了软件的实际复杂程度，又具有一定的灵活性；只用一个指标来度量软件的复杂性，更易于不同软件间的比较。

# 8.4　Wemux 水电运行仿真系统的实证分析

本节选择本实验室人员开发的、具有软件设计版权的大型水电运行仿真系统 Wemux 作为实例，按照本章提出的方法对其结构特征分析、质量度量等各方面进行研究，验证本方法在实际软件开发中的可行性和合理性。

## 8.4.1　Wemux 水电运行仿真系统

Wemux 水电运行仿真系统是实验室开发的一个模拟水电厂的数字仿真系统。水电运行仿真系统 Wemux 2.0 版本目前正运行于丰满水电技术学校，用于专业课教学及丰满水电厂上岗前技术人员的培训。该软件能够实现对水电厂实时运行环境的真实模拟，计算对应各种运行工况的典型系统参数，并在相应的监控设备上进行显示，还可以对各种可操作的部件进行操作，具有与实际电站一样的逻辑功能，其软件界面如图 8.1 所示。同时，该软件也能够根据需要产生故障状态，模拟非常态下系统的行为。

水电运行仿真系统软件的实现，不但可以研究一些在实际系统中无法触发或者触发成本极高的问题，而且提供了一个计算平台，可以发现所有可能存在的问题，并预测实际系统的行为状态。系统要通过仿真模型真实描述水电厂中的机电设备及各种控制操作流程，这也决定了系统的模型十分复杂，工程十分庞大，其内部模型分布如图 8.2 所示。

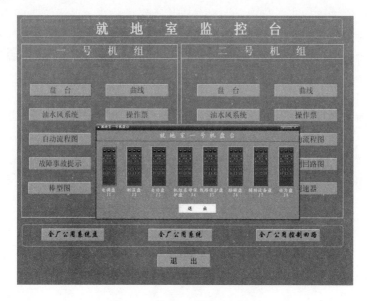

图 8.1　Wemux 系统运行界面

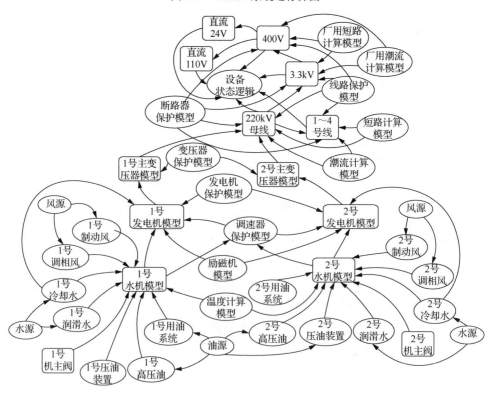

图 8.2　Wemux 系统内部模型分布

在系统交付实际使用之后，水电运行仿真系统仍然是很好的关于大规模软件系统的研究平台，实验室在这个平台上继续着对大规模软件体系结构的探索与实践。经过对水电运行仿真系统的不断修改，实验室累积了大量的大规模软件的开发经验。彩图 12 为水电运行仿真系统的静态结构网络拓扑图。作为一个复杂软件系统，水电运行仿真系统 Wemux 的结构拓扑也具有复杂网络的特征。

从彩图 12 中可直观看出，该系统具有明显的复杂网络特征；类具有很强的聚集性，且依赖关系密切集中于一定区域，这是由仿真系统特性决定的，该系统具有 100 多个基本的电气元件类、机械元件类、计算类，其他类在大量引用它们的基础上完成相应的系统功能；经源代码分析发现，孤立结点多为 Windows 系统级调用（线程、消息等）和调试、维护中添加的冗余类或失效类，这意味着拓扑可视化使理解、粗略评价系统成为可能。

相对于其他软件系统，水电运行仿真系统是实验室自主开发的软件系统，文档质量齐全。由于对这种水电运行仿真系统结构比较熟悉，在其上进行网络特征的度量和分析更容易得到一些潜在的规律。而应用基于构造特征的结构复杂性对水电运行仿真系统进行度量，也可以帮助破解水电运行仿真系统中的复杂性问题。

### 8.4.2　Wemux 的网络特征分析

使用 3.2 节的解析工具对 Wemux 系统进行分析得到的拓扑特征量如表 8.6 所示，可以看到 Wemux 相对于第 4 章分析的软件来讲规模还是小了很多，但是并不代表它不复杂。

表 8.6　Wemux 的拓扑特征量

| 软件名称 | $N$ | $M$ | $\langle k \rangle$ | $\gamma$ | $C$ | $d$ | $r$ | $H_s$ | $C(s)$ | Coreness |
|---|---|---|---|---|---|---|---|---|---|---|
| Wemux | 278 | 842 | 3.34 | 1.35 | 0.19 | 4.8 | -0.16 | 0.32 | 13.78 | 6 |

注：$N$ 为软件静态结构网络中的结点数；$M$ 为边数；$\langle k \rangle$ 为平均结点度；$\gamma$ 为度分布系数；$C$ 为网络聚集系数；$d$ 为平均路径长度；$r$ 为同配性系数；$H_s$ 为标准结构熵；$C(s)$ 为结构复杂性；Coreness 为网络核数。

Wemux 的度分布如图 8.3 所示，具有明显无尺度特征度，度分布系数为 1.35，表明系统的无尺度特征比较弱化，度值较大的点相对于度值较小的点数目减少较慢，但仍属于软件网络的正常范围。

图 8.4 为 Wemux 的出度和入度分布，对于面向对象的软件系统，Wemux 的度分布系数近似。因为水电运行仿真系统的最初设计为主要靠共享变量空间来交互协作，所以面向对象常见的单元复用性高于单元复杂性的特点在 Wemux 中并不明显。Wemux 的单元复用度不够高或者单元复杂性过高。

图 8.5 为 Wemux 结点的出入度相关分析，可以看到其基本符合前面总结的规律，但是有一个结点明显相对于其他结点要突出，它拥有 5 个出度和 20 多个入度，尽管 5 个出度在其他软件系统中只能算是小度数，但是在 Wemux 中结点数目要比其他测量软件少一些，所以也认为这个结点有可能有问题。查表得到该结点为 DL

（断路器类），作为系统的基本元件类，20 多个入度比较正常，5 个出度相对稍多。

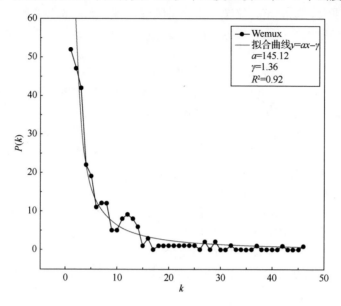

图 8.3　Wemux 的度分布

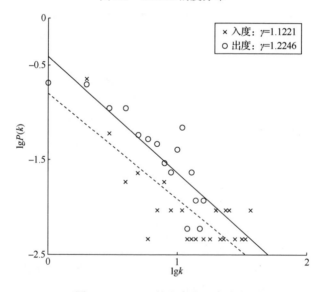

图 8.4　Wemux 的出度和入度分布

　　图 8.6 为 Wemux 中的簇度相关性，聚集系数与度之间关系遵循 $C(k)$-$k^{-1}$ 关系，隐含着结构的层次性，说明系统是遵循模块化、层次结构设计思想实现的。第 5 章已详细分析了 Wemux 的核数及分解过程，对比第 5 章的大样本分析结论和表 8.6 可以看出，Wemux 软件结构的核数很大，但平均路径很短，表明系统中模

块之间的"纠缠"程度比较紧密。同配性系数 $r < 0$，说明 Wemux 是异配的网络，符合 4.3.2 节大多数优秀软件样本的统计规律；高度结点倾向于与低度结点相连，绝大部分结点度值较少，说明软件在此方面还是有优势的。

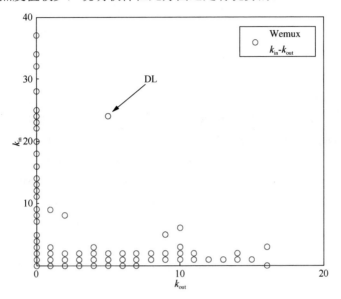

图 8.5　Wemux 结点的出入度分布相关性

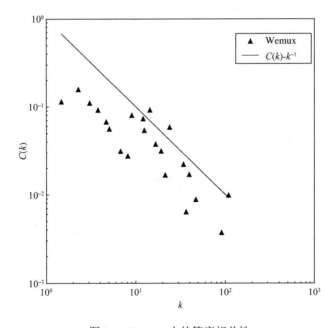

图 8.6　Wemux 中的簇度相关性

### 8.4.3　BCN 测度研究 Wemux 的结点类

应用 8.2.3 节 BCN 测度体系度量 Wemux 系统，由于水电运行仿真系统内部类众多，不能一一列举结点类的计算数值，可通过网络拓扑图和计算结果来验证结点类 4 个测度的可行性。为便于观察，使用最短路径扩散算法调整 Wemux 网络图的拓扑布局，用结点大小表示相应测度的值。彩图 13 用结点大小表示测度 $\alpha_i$ 的计算数值，从中可快速挑出系统中耦合性高、相对重要的类，进行重点分析、测试、缺陷检测等工作。按由大到小顺序，值前 4 位的类依次是 XJ（信号继电器，值为 46）、LP（联片，值为 42）、RD（熔断器，值为 37）和 DK（隔离开关，值为 32），这说明仿真系统中基类被大量调用，这是由系统应用领域和功能决定的。

彩图 14 为 Wemux 中的类测度 $\beta_i$ 的分布，对比彩图 13 发现很多结点是重合的，这说明介数和度都是衡量类重要性的重要测度。两图中重合的类是系统中最重要的类单元，在开发和测试过程中必须给予极大关注。观察发现，有几个结点中介性明显高于其他点，查询表 8.7 可知最大值为母线系统，以下依次为发电机、温度系统、分支母线等，这与仿真对象实际工作情况相似，大量信息交互通过母线完成，发电机为重要中介，温度系统完成各子系统的温度检测等，较好地验证了系统的功能。

#### 表 8.7　Wemux 的类介数序列

| 编号 | 说明 | 名称 | 介数 |
| --- | --- | --- | --- |
| 165 | 母线系统 | CMXSystem | 0.220 |
| 126 | 发电机 1 | CGenerator | 0.191 |
| 11 | 断路器 | DL | 0.145 |
| 218 | 温度系统 | CTmptSystem | 0.088 |
| 164 | 西母线 | CWestMXSys | 0.086 |
| 133 | 发电机 2 | CGeneratorTwo | 0.083 |
| 80 | 东母线 | CEastMXSys | 0.078 |

虽然个体类的聚集性没有网络平均聚集系数那么重要，但从拓扑图上还是可以对其进行直观分析，从而检测类单元的缺陷。彩图 15 为 Wemux 中的类聚集系数分布，观察发现右上区域存在反常的高聚集性，经源代码分析可知为发电机励磁系统，类多由仅具有数值属性的代码段构成。因开发人员失误，当前仅提供数值而未能实现与其他模块的功能调用，这表明图示能快速发现和定位缺陷。

对 Wemux 按照类影响性测度 $\lambda_i$ 进行多重引用继承性实证分析，结果如彩图 16 所示。观察发现，信号继电器 XJ（$\alpha:\beta=1:1,2:1,3:1$）、熔断器 RD（$\alpha:\beta=1:1,1:2,2:1,3:1$）、联片 LP（$\alpha:\beta=2:1,3:1$）、就地室电压 VoltCurr（$\alpha:\beta=3:1$）这 4 个类的 $\lambda_i$ 值大小在 $[0.7,0.9]$ 区间，按照 4.4.1 节的研究，这样的类设计是相当不

合理的。因为同时拥有较大的出度和影响度的类很容易放大自身的缺陷，导致整个系统出错或需要修改的概率呈倍数性增长，系统易出错、不稳定。分析源代码与功能后发现，实际上 XJ、RD、LP 这 3 个类都是基本控制单元，它们是组成二次回路和机械控制的最小单元。从结构设计角度来看，这 4 个类复用最多，引用继承它们的类较多，软件需求的改变或类的出错容易导致引用继承它们的类都需要发生改变或者出错，这样的设计非常不合理。DP、WJ、JDQ、YW、LED、KK、YJ、LJ、DL、FM、FA、QK、SJ、GP、ZJ、AN、XDInOutState 这 17 个类的多重引用继承性在 [0.2, 0.7) 区间。经分析发现，断路器类 DL 承担了系统中最多的数据传输任务，而实际上，最多的逻辑处理是关于断路器状态控制和状态变化所引起的其他反应。而正因为断路器类承担了如此多的职责，它的多重引用继承性才比较大。这在结构设计上是不太合理的，应该把一些功能分担给其他的类去承担，从而有利于提高软件系统的稳定性。

对 Wemux 按照类依赖性测度 $\sigma_i$ 进行多重引用依赖性实证分析，结果如彩图 17 所示。观察发现，现场操作箱 XLFXCZ($\alpha : \beta = 2 : 1, 3 : 1$)、操作电压 COperationPower ($\alpha : \beta = 2 : 1, 3 : 1$)这两个类的 $\sigma_i$ 值都大于 0.7，按照 4.4.2 节的研究这样的类设计是相当不合理的。因为依赖度大的结点，其可达集中的任意一个结点类出错（或需要修改）都可能导致它也出错（或需要修改），所以其出错（或需要修改）的概率很大。CTCoolerControl、XL、COverCurrentProtect、CStationServiceZP1、CStationServiceCP、CGTTwo、CLeakageDrain、XLCHZ、JDQ、_tagThreadTable、MLKGJL、CZBYB、MLKGJD 这 13 个类的多重依赖性在 (0.3, 0.7] 区间。根据每个类的功能及设计判断，COverCurrentProtect、CLeakageDrain 这两个类设计不合理，完全可以简化它们的功能，把一些功能分担给其他一些类，以此来降低其可达集中类的缺陷的概率；其他 11 个类的设计结构与它们的功能比较匹配，尽管这 11 个类的多重依赖性较大，但是没有办法对它们再进行修改来减小它们的多重依赖性。此次度量分析一方面确定了之前的一些看法，另一方面也验证了度量指标对软件结构缺陷检测的正确性。

## 8.4.4 BCN 测度研究 Wemux 的系统结构

Wemux 系统的 BCN 测度如表 8.8 所示。其中，系统的复杂性测度 SC 为 0.68，根据 4.5 节的研究和表 4.1 中其他软件系统对比可知，系统复杂度处在一个比较合理的范围。结构复杂性可以对软件的工作量等进行估计，并可以在系统结构重构过程中通过检验全局结构复杂性来评测重构效果。Wemux 系统的复杂度相对较低，是因为其使用直接或间接引用或继承关系和直接或间接依赖关系较少，但系统中仍然有加强面向对象及软件工程自顶向下的思想，体现了大规模软件面向对象软件设计思想的空间。实际上，水电仿真系统最初的设计思想主要是靠共享变量空间来交互协作，所以面向对象常见的模块复用性特点在 Wemux 系统中不明显，如果在后续版本中增大类的复用性，将会使系统复杂性进一步降低。

表 8.8　Wemux 系统的 BCN 测度

| 软件名称 | SC | SE | SH | SP |
|---|---|---|---|---|
| Wemux | 0.68 | 4.8 | 6 | 43 |

Wemux 系统的效率测度 SE 为 4.8，根据 4.3 节的研究和表 3.1 中其他软件系统对比可知，系统 SE 测度明显比一些大型软件系统低，这说明拥有较小的平均路径长度，类之间的通信效率、系统的响应能力较好。层级性测度 SH 为 6，根据第 5 章的研究和表 5.1 中其他软件系统 Coreness 值对比可知，系统 SH 测度较高，但仍处在一个合理的范围内，这说明在系统开发的过程中，主流的模块化、层次化的软件设计方法被很好地应用于控制系统的复杂性，并取得一定效果。由彩图 9 也可看出，Wemux 系统的最高核数层仍有大量的结点类，这一方面说明系统内聚性较好，另一方面也反映了仿真系统中存在大量基类。Wemux 系统的成本测度 SP 为 43，与表 8.4 中其他软件相比成本较低，这既说明软件的类设计存在大量非循环依赖，有效减少了维护、测试工作量，又反映了仿真系统软件的特殊性。

BCN 体系中结构测度评价的依据是由评测过的软件系统的共性特征构建的，还需要在更多的实际项目中进行修正和整理，检验广泛有效性，但是这些测度在一定程度上能够反映软件系统结构复杂性的一个侧面，为设计开发大规模软件的系统结构提供一个量化依据。

# 8.5　本　章　小　结

由于经典的面向对象度量方法存在不足，而现在大规模软件系统又越来越多地展现出"小世界"和"无尺度"的复杂网络特征，本章将复杂网络理论引入软件度量中，根据实际数据分析得出软件网络拓扑特征与软件工程表现的对应关系和拟合规律，提出了一个新的度量方法体系——BCN 测度体系，从结点类单元和整体结构两个维度，定义多个测度来共同度量软件系统的一些重要单元特性和结构特征，为量化评价软件质量提供重要依据。之后，利用实验室的水电运行仿真系统 Wemux 对提出的度量体系进行实证研究，实验数据和分析结果与所掌握的事实相符，表明本章提出的软件度量体系是真实有效的，可以作为一种量化研究软件结构的测量评价标度。

本章主要内容如下。

（1）建立了软件网络测度模型。通过对前几章提出的软件网络特征量进行总结，将重要特征量按照其适用范围进行分类，即分为适合进行软件度量和适合结构分析、进化趋势分析两类，为后续的研究打下基础。

（2）提出度量软件复杂性和成本的新测度。对软件开发过程中最关心的复杂性控制和软件成本建立了新的量化测度，新测度能很方便地应用于真实系统的度量和评价中。

（3）提出了一种新的 BCN 测度体系。基于软件网络特征量，扩展、标准化形成软件度量的新指标，从结点类单元和整体结构两个维度定义了包含 8 个测度的测度体系来量化度量软件系统，对解决现有软件度量理论在支持大型软件开发方面所面临的局限性进行有益的探讨，推动新的软件度量理论的产生与发展。

（4）评价了 BCN 测度集的合理性。从传统软件度量准则和大样本实验数据统计分析两方面评价了测度的合理性。

（5）度量了真实软件系统。用 BCN 测度集分析和度量了水电运行仿真系统 Wemux，证明该测度体系能应用于实际系统，对于预测和发现有问题的类，量化的评价软件质量是非常有效的。

综上所述，利用 BCN 测度体系对软件系统进行多维度的度量是真实有效的，可以较方便地量化表示软件结构中蕴含的复杂性特征，为研究系统的行为及进化规律提供基础。

# 参 考 文 献

[1] BROOKS F P. The mythical man-month: essays on software engineering[M]. 20th Anniversary edition. Boston: Addison-Wesley Professional, 1995.

[2] 钱学森. 论系统工程[M]. 长沙：湖南科学技术出版社，1982.

[3] DIJKSTRA E W. The structure of the "THE"-multiprogramming system [J]. Communications of the ACM, 1968, 11(5): 341-346.

[4] BASILI V R. Models and metrics for software management and engineering[M]. New York: IEEE Computer Society Press, 1980.

[5] BOEHM B W, BROWN J R, LIPOW M. Quantitative evaluation of software quality[C]//Proceedings of 2nd International Conference on Software Engineering. San Francisco, 1976: 592-605.

[6] HENRY S, KAFURA D. The evaluation of software systems' structure using quantitative software metrics [J]. Software-practice and experience, 1984, 14(6): 561-573.

[7] TASSEY G R T I. The economic impacts of inadequate infrastructure for software testing[R]. Gaithersburg: National Institute of Standards and Technology, 2002, ES1-ES11.

[8] PRESSMAN R S. Software engineering: a practitioner's approach[M]. 6th ed. New York: The McGraw-Hill Companies, 2005.

[9] KAN S H. Metrics and models in software quality engineering[M]. Boston: Addison Wesley, 2002.

[10] 王立福, 麻志毅, 张世琨. 软件工程[M]. 2 版. 北京：北京大学出版社，2002.

[11] BASILI V R, PERRICONE B T. Software errors and complexity: an empirical investigation[J]. Communications of the ACM, 1984, 27(1): 42-52.

[12] DASKALANTONAKIS M K. A practical view of software measurement and implementation experiences within Motorola[J]. IEEE transactions on software engineering, 1992, 18(11): 998-1010.

[13] HENDERSON-SELLERS B. Object-oriented metrics: measures of complexity[M]. New Jersey: Prentice-Hall, Inc. Upper Saddle River, 1995.

[14] BOEHM B W. Software engineering economics[M]. New Jersey: Prentice-Hall PTR Upper Saddle River, 1981.

[15] MUSA J D, IANNINO A, OKUMOTO K. Software reliability: measurement, prediction, application[M]. NewYork: McGraw-Hill, 1987.

[16] PUTNAM L H, MEYERS W. Measures for excellence: reliable software on time, within budget: Yourdon press computing series[M]. Englewood Cliffs: Prentice-Hall, 1992.

[17] MCCABE T J. A complexity measure[J]. IEEE transactions on software engineering, 1976, SE-2(4): 308-320.

[18] PFLEEGER S L, ATLEE J M. Software engineering: theory and practice[M]. 北京：高等教育出版社，2006.

[19] LORENZ M KIDD J. Object-oriented software metrics: a practical guide[M]. Englewood Cliffs: PTR Prentice-Hall, 1994.

[20] CHIDAMBER S R, KEMERER C F. A metrics suite for object oriented design[J]. IEEE transactions on software engineering, 1994, 20(6): 476-493.

[21] ABREU F B E. The MOOD metrics set[C]//Proceedings of ECOOP'95 Workshop on Metrics. Aarhus, Denmark, 1995: 150-152.

[22] BASILI V R BRIAND L C, MELO W L. A validation of object-oriented design metrics as quality indicators[J]. IEEE transactions on software engineering, 1996, 22(10): 751-761.

[23] AMALARETHINAM D I G, SHAHUL P H M. Analysis of object oriented metrics on a java application[J]. International journal of computer applications, 2015, 123(1): 32-39.

[24] GYIMOTHY T, FERENC R, SIKET I. Empirical validation of object-oriented mertics on open source software for fault prediction[J]. IEEE transactions on software engineering, 2005, 31(10): 897-910.

[25] VASA R, SCHNEIDER J G, WOODWARD C, et al. Detecting structural changes in object oriented software systems [C]//Proceedings of the 2005 International Symposium on Empirical Software Engineering. Noosa Heads, 2005: 479-486.

[26] VASA R, SCHNEIDER J G, NIERSTRASZ O. The inevitable stability of software change[C]//IEEE Proceedings of International Conference on Software Maintenance. Paris, 2007: 4-13.

[27] MA Y T, HE K Q, DU D H. A qualitative method for measuring the structural complexity of software systems based on complex networks [C]//Proceedings of First International Conference on Complex Systems and Applications. Taipei, 2005: 955-959.

[28] MA Y T, HE K Q, DU D H, et al. A complexity metrics set for large-scale object-oriented software systems [C]//Proceedings of the sixth International Conference on Computer and Information Technology. Seoul, 2006: 189-190.

[29] GIROLAMO A, NL I, RAO R. The structure and behavior of class networks in object-oriented software design [EB/OL]. https://core.ac.uk/display/20875929.

[30] LIU J, HE K Q, PENG R, et al. A study on the weight and topology correlation of object oriented software coupling networks[C]//Proceedings of first International Conference on Complex Systems and Applications. Huhhot, 2006: 955-959.

[31] 李兵, 王浩, 李增扬, 等. 基于复杂网络的软件结构复杂度度量研究[J]. 电子学报, 2006, 34 (12A): 2371-2375.

[32] XU Z , ZHANG J , XU Z . Memory leak detection based on memory state transition graph[C]//2011 18th Asia-Pacific Software Engineering Conference. Ho Chi Minh, 2012: 33-40.

[33] ZHANG H H, ZHAO H, CAI W, et al. A qualitative method for analysis the structure of software systems based on k-core[J]. Special issue on software engineering and complex networks of dynamics of continuous, discrete and impulsive systems series B, 2007, 14(S6): 18-24.

[34] CHIDAMBER S R, KEMERER C F. A metrics suite for object-oriented design[J]. IEEE transactions on software engineering, 1994, 20(6): 476-493.

[35] JENKINS S, KIRK S R. Software architecture graphs as complex networks: a novel partitioning scheme to measure

stability and evolution[J]. Information sciences, 2007, 177(12): 2587-2601.

[36] LIU J, LV J H, HE K Q, et al. Characterizing the structure quality of general complex software networks[J]. International journal of bifurcation and chaos, 2008, 18(2): 605-613.

[37] CONCAS G, LOCCI M F, MARCHESI M. Fractal dimension in software networks[J]. Europhysics letters, 2006, 76(6): 1221-1227.

[38] CAI W, ZHAO H, ZHANG H H, et al. Static structural complexity metrics for large-scale software[J]. Special issue on software engineering and complex networks of dynamics of continuous, discrete and impulsive systems series B, 2007, 14(S6):12-17.

[39] KOCAGUNELI E, MENZIES T, KEUNG J W. Kernel methods for software effort estimation[J]. Empirical software engineering, 2013, 18(1): 1-24.

[40] ALBERT R, BARABÁSI A L. Statistical mechanics of complex networks[J]. Reviews of modern physics, 2002, 74(1): 47-97.

[41] BRIAND L C, DALY J W, WUST J K. A unified framework for coupling measurement in object oriented systems[J]. IEEE transactions on software engineering, 1999, 25(1): 91-121.

[42] WEYUKER E J. Evaluating software complexity measures[J]. IEEE transactions on software engineering, 1988, 14(9): 1357-1365.

# 第9章 软件系统的进化研究

进化性是系统的普遍特性，系统的进化就是系统的结构、状态、行为、功能随着时间的推移而发生的变化，是从一种多样性统一形式转变成另一种多样性统一形式的具体过程。从时间维度来看，任何系统都处在不断进化的过程中[1]。 软件系统是一种特殊的人工系统，在其生命周期内也会不断进化（功能、结构、状态等）。在软件的整个生命周期中，用户的功能需求、软件的运行环境、软件原有功能的完善都要求软件自身的结构不断地修改、维护、更新乃至升级才能满足用户的要求，即软件要不断地进化。

软件进化是指在软件系统生命周期内软件维护和更新的动态行为[2]，对其进行研究有利于软件的开发和维护。在现代软件工程学领域，软件具有进化特征已经是人们的共识。外部环境的变化、开发技术的发展、软件漏洞的修补等诸多因素决定了软件只有不断进化才能具有持续的生命力[3]。随着软件技术的成熟和软件产业要求的不断提高，软件进化已经成为软件工程和软件网络领域的研究热点。

随着软件规模的增长及所涉及问题域复杂程度的提高，处理问题的难度呈几何式增长，软件进化过程中开发人员越来越难把握处理软件系统的复杂性，很多软件项目随着版本进化过程中问题的积累，因最终无法控制复杂性而崩溃，导致软件退化并最终走向死亡[4]。对于已使用的系统，用户不仅要求它能实现自己所提出的需求，还希望它能自适应和可进化，从而降低维护和修改成本，因此可维护性和适应性成为评判软件质量的根本准则。对软件结构进化的分析研究对于软件的迭代开发与重构、延长软件的生命周期具有重要意义。

为了探索软件网络的进化规律和进化过程，本章将通过对实际软件系统中网络特征量时间维的进化分析，研究结构进化的模式、形态及基本规律，通过观察软件在已有进化过程中表现出来的结构特性及这些结构特性引起的软件运行期间表现的好坏，找到软件结构的变化对软件质量影响的规律[5]，并根据这些规律指导软件如何更好地从现有版本向更高版本进化，以达到在后续进化过程中尽可能地少走弯路，尽可能地复用现有软件模块[6]，尽可能地将有限的人力、物力资源用到关键的工作上去，最终实现延长软件生命周期的目的。同时也希望为预测软件的进化趋势、状态和行为提供可靠的依据，从而帮助软件设计和开发人员更好地理解在软件进化过程中设计模式的应用原则。

# 9.1　软件进化的本质

软件进化本质上是系统不断调节以满足新的需求的过程，也就是对现有软件不断修改、补充、完善以适应新的需求和环境变化的过程。

## 9.1.1　软件的时间维进化研究

从时间维来看，软件的外部环境、需求和技术均在不断地变化，而这些变化在系统开发时是不可能预料到的，因此软件系统必须不断地被修改、调整和扩展，以满足用户需求，增强适应性，从而延长生命周期。如何实现软件系统快速、可靠、低成本、高效率的进化是当前软件进化研究的热点。

经过多年研究，研究人员发现软件进化的核心问题是软件如何适应（应用环境、技术、需求）改变。不同的软件开发方法对软件进化的支持也不同。在传统的结构化开发过程中，软件进化过程是算法和数据结构累加的进化过程，软件进化的成本随着软件进化的时间而呈指数增长。而基于构件的软件开发方法侧重于构件开发和构件组装，软件进化过程中的基本活动为删除构件、修改构件、添加构件 3 项，系统的功能通过构件间的协同交互来实现，实质是构件和体系结构的进化过程，由于构件间耦合度较低，进化成本也较低。

软件进化贯穿于软件整个生命周期，从软件运行的那一刻起到软件消亡那一刻为止，软件进化都在不断地进行着。只有拥有较强进化能力的软件，才具有较强的生命力，才能有更长的生命周期。因此，从时间维研究软件的进化是可行和必要的。软件系统的时间维进化即以软件以前的版本作为新版本的基础，添加新功能，修改原结构，使软件不断适应新需求和环境变化，从而不断进化的过程。观察该过程中表现出来的结构特性及这些结构特性引起的运行期间软件表现的好坏，找到软件结构变化对软件质量影响的规律[5]，能指导软件更好地进化，实现高复用、低成本开发维护，最终实现延长软件生命周期的目的。

本章从构建的软件网络样本数据库中选择 30 个软件系统作为实验数据，分为 5 类：文本处理软件（AbiWord、KOffice 等）、图像处理软件（VTK、Blender 等）、工具套件（Samba 等）、语言开发软件（Eclipse 等）和操作系统（Linux）。选择它们是因为这 5 类软件是人们日常应用比较广泛的。按照惯例，软件的版本号采用 <主版本号>.<次版本号>或<主版本号>.<次版本号>.<修订版本号>进行区分。其中，主版本代表功能模块有大的变动；次版本代表有局部的变动；修订版代表有小的局部函数的功能改进或者错误的修正。

### 9.1.2　软件网络结构特征量的进化

　　软件系统的进化表现为软件模块内部及各模块之间相互关系的变化，映射到软件网络上则表现为网络特征量的变化，软件进化应从这些结构特征来刻画。由于网络中特征量的变化是可度量、可量化、可观测的，原本抽象的进化过程就转换为直观、量化的参数变化趋势。

　　5.3.5 节以 VTK 软件系统为样本详细分析了核数的时间维进化趋势，为便于比较研究，进一步选取 VTK 软件网络中的 $\langle k \rangle$（平均结点度）、$d$（平均路径长度）、$C$（平均聚集系数）、SC（复杂度）4 个特征量来考察拓扑结构的进化。选取 VTK 软件的 20 个版本，其中包含 5 个主要版本（用户群大，重要功能改变）和 15 个次要版本（优化及错误修正）。VTK 软件结构特征的进化如图 9.1 所示，其具有 3 个显著特性。首先，进化具有明显的阶段性，$d$ 和 $C$ 均经过一个快速的增长阶段 I 后在阶段 II 趋于稳定，$d$ 较小体现了系统内模块具有较高的通信效率，$C$ 较大说明模块间联系比较紧密。$\langle k \rangle$、SC 有两个稳定阶段 I、III 和一个增长阶段 II，度分布呈现无尺度特性。观察发现，临界位置均在 2.0 版本附近，参考文献[7]可知该版本是系统成熟的标志，存在大量的技术更新，包括建立版本控制结构，增加 OpenGL、TCL 支持，增加 40 个类等。其次，曲线均有波动，波动性是进化过程的动态反应，这表明进化过程是正反馈（需求变化，新功能加入）和负反馈（复杂性，错误率增加）相互作用、从一个平衡态到另一个平衡态的循环过程。最后，尽管不同特征进化曲线有所不同，但整体结构经过初期短暂的剧烈变更后都趋于稳定，这意味着软件是在资源有限的环境下进行进化的，各因素变更的叠加对系统影响趋近于相互抵消，系统的动态特性是在开发的早期建立的，随版本变化不大。

　　从图 9.1 还可看出，小世界特征快速出现并伴随进化过程始终保持；无尺度特征出现较为缓慢，但当度分布呈现幂律特性时，系统的复杂性伴随着缓慢增长趋于稳定，这意味着除非从头开始开发，否则尽管使用各种改进手段，系统一旦达到一个稳定的复杂度，就在此附近波动。Lehman 考察了多个大型软件系统的成长和进化，提出了一组软件进化的假设，即 Lehman 定律[8]，我们从复杂网络角度对结构统计分析的结果较好地验证了持续改变律、结构保守律、反馈系统律，为假说提供了可靠的例证。

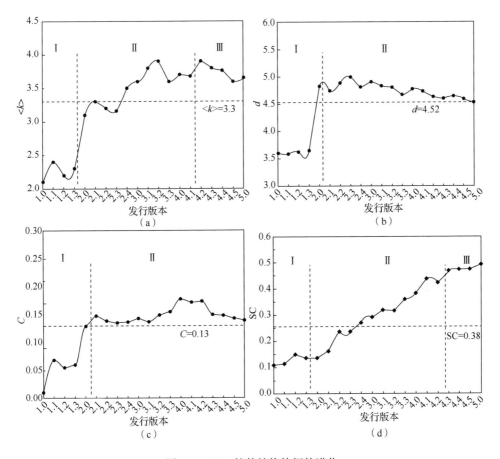

图 9.1 VTK 软件结构特征的进化

## 9.2 软件网络结点度的进化分析

9.1 节介绍了同一软件不同特征量的进化趋势，本节考察不同软件同一特征量的进化趋势，从统计学角度揭示软件进化的内在规律。结点度是软件网络的重要特征，它的进化分析对研究系统静态拓扑结构的进化有重要意义。

### 9.2.1 平均结点度的进化

度量了所有样本软件的平均结点度，并对每种样本软件不同版本的平均结点度进行绘图，分析其进化趋势后发现，部分软件的平均结点度的进化呈缓慢上升趋势，其余软件的平均结点度进化呈现出围绕某一值上下浮动的进化趋势。以软件 Jailer 和 KOffice 为例，平均结点度的进化趋势如图 9.2 所示，平均结点度上升，说明结点间的交互增加，软件网络静态结构拓扑更加复杂，其根本原因是程序模块的重用；软件平均结点度的上升趋势逐渐变缓，说明随着软件版本的进化，软件结构逐渐稳定，软件复杂度趋向于一个稳定值；部分软件在进化过程中，平均结点度围绕着某个值上下波动，呈现出动态调整的变化趋势，这种现象在规模较大的软件中尤为明显。有研究结果表明，平均结点度与结点数之间存在着高度相关的关系[9]，即结点数达到一定规模后，软件的复杂度会逐步稳定，而 Jailer 的结点数量不到 200 个，KOffice 的结点数量超过 4000 个，与该结论是一致的。

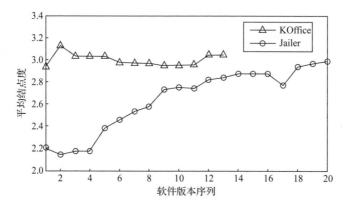

图 9.2  平均结点度的进化趋势

软件网络的平均结点度会随着软件的进化逐步趋向于一个稳定值，我们统计了 30 个样本中这个稳定值的分布，结果如图 9.3 所示，软件网络的平均结点度稳定值分布在区间(2.0,4.29)。

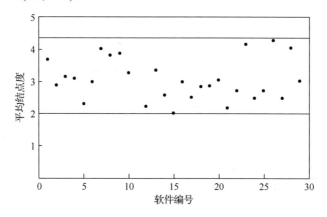

图 9.3  软件平均结点度稳定值分布

### 9.2.2  度分布的进化

结点度分布反映了网络的无尺度特征，而对度分布进化的研究能从整体上把握网络拓扑结构的变化。我们统计了样本空间每种样本软件所有版本的度分布系数(在对数坐标下,度分布系数的大小等于拟合直线斜率的绝对值)。以软件 Eclipse 和 Samba 为例,其度分布系数的进化趋势如图 9.4 所示,软件的度分布系数与平均度进化相似,均呈增大和减小两种趋势。由此可知,充分挖掘软件代码的内部"潜力",重用现有代码中的常用模块和优秀模块,可以非常经济地提高软件开发的效率。

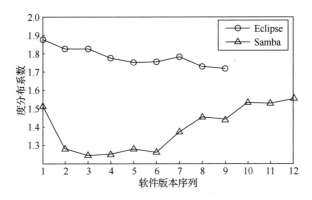

图 9.4　度分布系数的进化趋势

我们统计了所有软件样本的度分布系数数据,如图 9.5 所示,发现度分布系数大多分布在区间(1.166, 2.19),差别不大,均具有无尺度网络特征。度分布系数的改变是网络中所有结点共同作用的结果,其中高度值结点对这一变化贡献更大,因此有必要对高度值结点的进化分析进行深入讨论。

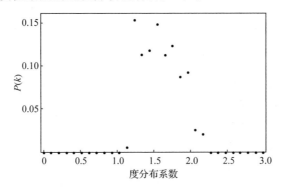

图 9.5　度分布系数分布

### 9.2.3　高度值结点的进化

Barabási 等通过计算机模拟发现,无尺度网络具有"稳健而又脆弱"的特性,即网络中最高度值结点和与最高度值数量级相同的结点失效后,无尺度网络的拓扑性质会发生显著的变化[10]。在软件网络中，高度值结点对应的模块往往实现的是软件较为复杂的功能，在局部或者软件整体中占有重要的地位。因此，对高度值结点的研究能抓住软件的主要特性，理解软件进化过程中软件静态结构的进化情况。

为了理解软件版本迭代过程中软件新旧部分的交互情况，统计了每种样本软件的相邻软件版本中，版本的新增结点中低度值结点（度值不超过 3）所占比例和最高度值的数据，以 Linux 为例，结果如图 9.6 和图 9.7 所示。由图 9.6 可知，新增结点绝大多数是低度值结点。此外，低度值结点所占比例和新增结点的最高度值有逐渐增大的趋势，第 6 个版本尤其明显，这更加说明较新版本中新结点的加入导致整个网络的度分布差异越来越大，"无尺度"特征越来越明显，相应地，软件的模块化越来越明显。

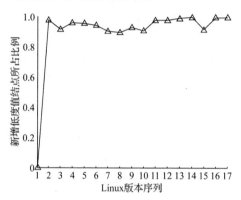
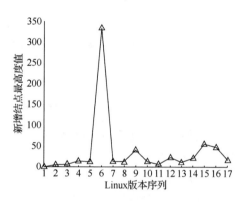

图 9.6　Linux 各版本的新增结点中低度值　　　　图 9.7　Linux 各版本新增结点的最高度值
结点所占比例

从图 9.7 可知，新增结点的最高度值一般不超过 50，但个别时候会很大，这说明软件的新增部分有时会以功能模块形式整体加入原有软件结构。对比图 9.7 和图 9.6 可发现，当新增结点中最高度值增大的时候，往往伴随着低度值结点比例的降低，这说明在软件的新加入部分中，结点的度值向高度值结点靠拢，同样说明新增部分的拓扑结构具有一定的无尺度特征。

此外，以 Linux 和 Firefox 为例统计了软件版本进化中高度值结点数量和新增高度值结点数量的变化趋势（高度值的判定标准设定为各软件样本中第一个版本的度值最高的前 0.5%结点的最低度值），结果如图 9.8 所示。

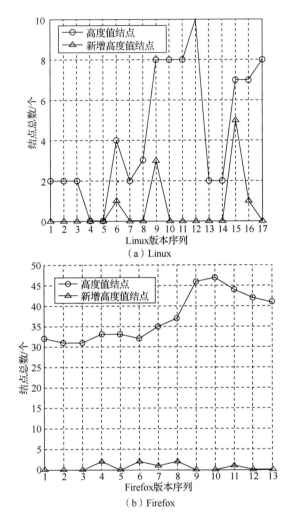

图 9.8　软件版本进化中高度值结点数量和新增高度值结点数量的变化趋势

　　从图 9.8 可知，高度值结点数量整体呈上升趋势。Linux 的高度值结点数量很少，明显比 Firefox 少。经大样本研究还发现，采用 C 语言开发的软件中，高度值结点数量往往也比采用 C++ 和 Java 语言开发的软件要少。对于前者，结点代表的是函数和结构体等，而边指的是函数之间的调用关系或者对结构体的使用关系，边的种类比较单一；对于后者而言，结点代表类，而一个类往往有多个方法和属性，边代表类之间的继承、包含、使用等关系，因此边的种类更加丰富，结点之间也更容易产生较多的边。从图 9.8（b）可知，Firefox 高度值结点数量的上升趋势并不明显，局部走势相对稳定，虽然第 9 个版本出现明显上升，但其后又伴随着持续下降。原因可能是 Firefox 是一个网页浏览器，其核心功能在软件开发之初就较为明确，并且在后续版本中相对不变。第 8、9 两个版本对应 Firefox 3.6.23 和 Firefox 4.0，二者之间出现了明显的跃迁，原因是与 Firefox 3.6.23 相比，Firefox 4.0 的开发基于新的网页排版引擎 Gecko 2.0，增加了硬件图形加速功能和 HTML 5 技术，属于对软件架构的重大改变。此外，在几次高度值结点数量增长的同时，虽然软件新增部分中也有高度值结点，但是这种现象并不普遍，并且 Firefox 在几次高度值结点下降的同时，新增部分也有高度值结点出现。据此可得出结论：软件新版本中高度值结点增加的主要原因是旧版本中度值较低的结点在新版本中度值增加成为高度值结点。

　　另外，联系上节内容可知，软件在进化过程中，低度值结点和高度值结点的数量都在增加，那么造成度分布系数增大的原因应该是软件高度值结点增加的比例少于软件低度值结点增加的比例。

# 9.3　软件网络介数的进化分析

　　在软件网络中，介数大的结点意味着该结点对应的模块单元在软件功能的实现中承担着更大的责任，能在软件系统中起到更加重要的作用，这种单元模块的进化对整个软件系统往往会造成较大影响。

## 9.3.1　平均介数的进化

　　本节统计了样本软件的平均介数数据，以软件 RapidMiner 为例，其进化趋势如图 9.9 所示。在软件进化过程中，大部分软件的平均介数呈下降趋势。结点的介数衡量的是通过该结点的最短路径的数量，软件的平均介数越小，平均经过每个结点的最短路径越少，平均每个结点对软件整体功能实现所承担的责任就越小。其中可能的原因是，软件架构的层次性、模块性随着软件的不断进化变得越来越明显，不同层之间和不同模块之间往往通过简单的接口相互通信，造成少数几个结点的介数增加，其他大量结点的介数相对很低，从而使网络平均介数越来越小。

　　另外，在软件进化的过程中，软件初期几个版本的平均介数往往变化较大，后来逐渐变小。其原因可能是软件发布初期，软件规模较小，架构不成熟，整体结构容易发生较大变化，从而导致平均介数的剧烈变化。

　　随着软件的不断进化，软件网络的平均介数大多趋于一个稳定值，这个值由于软件的不同而不同。测得各个样本软件平均介数的稳定值分布如图 9.10 所示，平均介数稳定值分布在区间(0,0.00037)，且多数软件的平均介数稳定值很小，不超过 0.00005。

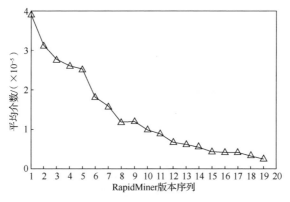

图 9.9　软件 RapidMiner 平均介数的进化趋势

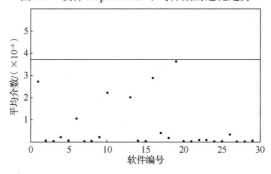

图 9.10　平均介数稳定值的分布

### 9.3.2　介数分布的进化

介数分布有助于找出软件中的重要结点，而对介数分布进化的研究有助于把握软件中关键结点的变化情况。介数分布系数等同于对数坐标下拟合直线斜率的绝对值，统计样本软件介数分布系数的分布情况，如图 9.11 所示，软件介数分布系数一般分布在区间$(0.5, 2.52)$。

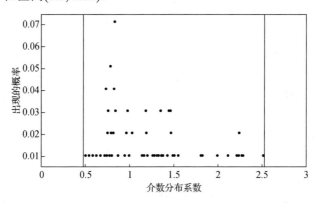

图 9.11　介数分布系数分布

### 9.3.3　高介数结点的进化

　　本节选取每种软件最后一个版本介数最高的 Top10 作为样本结点，共计 290 个，追踪这些结点的进化过程，发现这些结点的进化趋势可分为 3 类。在这 3 类结点中，各选取了一个结点为例，其进化趋势如图 9.12 所示。

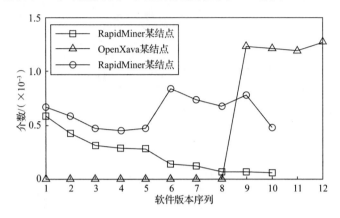

图 9.12　一些结点介数的进化趋势

　　图 9.12 中 OpenXava 的结点代表上升趋势的结点。OpenXava 的第 9 个版本是 OpenXava 4.0，这个版本开始支持 JPA 2.0 与依赖注入。与第 8 个版本相比，第 9 个版本新增了功能。图 9.12 中 OpenXava 的结点名称为 View，是一个基于 maps 的用于管理视图的消息对象，是一种基本的数据结构，在 OpenXava 4.0 版中应该发挥了比较大的作用。这说明软件进化过程中出现的某些新功能和新特性会导致软件网络中某些结点的介数增大，而一些基本数据结构很可能属于这类结点。

　　图 9.12 中 RapidMiner 的两个结点分别代表下降趋势和有升有降趋势的结点。从图 9.12 可知，介数处于下降趋势的结点，其介数值下降得越来越缓慢，说明软件规模的增大对此类结点的影响越来越小；介数有升有降的结点，其介数往往比较稳定。

　　查阅了每种软件的 API，发现介数上升的结点主要有 3 类：①基本数据类型，如数据容器等；②基本数据结构；③软件顶层框架的部分，如顶层框架窗口。这并不难理解，软件进化的过程中，软件功能越来越多，但是软件的基本数据结构一般不会增加，软件新功能一般是利用现有数据结构实现的，因此这种结点的介数会越来越大，这样的结点在软件设计阶段应该给予重点关注。介数下降的结点，或者提供了对某类对象的访问，或者是某类对象的超类。由此可以看出，随着软件进化的持续，软件功能越来越多，作用于某一类对象的类，其地位会由于与其地位相似的类不断产生而逐步被"边缘化"，不再处于核心位置，同时与它地位类似的类会越来越多，那么这样的类"占有"的最短路径比例会不断下降。

## 9.4　软件网络结构的进化规律

以单维结点特征为基础对软件结构内部单元的进化进行相关数据度量分析，体现了软件进化过程中与信息流动性有关的内在特征规律。进一步研究软件整体结构全局涌现出来的特征，有助于多维度地分析软件静态结构进化规律，并对进化趋势做出整体评价。

### 9.4.1　模块特征的进化

软件系统的模块化特征意味着软件网络存在与系统其他部分相对孤立的结点组。4.2 节的研究表明，度和聚集系数的分布曲线逼近幂律分布，这是软件系统模块化的重要特征，也是系统出现层级结构的标志。很多现实的复杂网络是以高度模块化的方式组织的，因此可以通过聚集系数与度相关性的进化来研究软件系统模块特征的进化。

Linux 内核结构拓扑的簇度相关性如图 9.13 所示，$C(k)$ 在 $k$ 很小时呈现平坦特性，随着 $k$ 增大迅速变化，拟合结果表明软件结构拓扑的聚集系数与度之间关系的拟合系数 $\gamma^{C(k)-k}$ 小于但接近于 $-1$，$k^{-1}$ 出现表明度很小的结点具有高的聚集系数且属于高度连接的小模块，相反，度很大的结点具有低的聚集系数，其作用仅是把不同的模块连接起来。软件结构存在模块化和层级特性，这与软件设计中控制复杂性的分层手段相对应。这种设计是解决软件复杂性的一种必要方法，同时也是软件结构复杂性的一个重要表现方面。

从图 9.13 中还可看到，随着软件版本变化，软件内核结构拓扑的聚集系数与度之间关系的拟合系数 $\gamma^{C(k)-k}$ 逐渐向 $-1$ 趋近，如表 9.1 所示。这说明随着软件结构的进化和面向对象软件的软件设计方法的不断发展应用，软件网络中邻近结点之间的连接更紧密，从而使软件网络进化过程中出现有利于模块涌现的机制，软件结构网络拓扑的模块化和层次特性越来越明显。此外，尽管拟合系数 $\gamma^{C(k)-k}$ 趋于 $-1$，但是还有一段距离，这也说明软件在模块化和层次性设计上还有进一步控制与改进的空间。

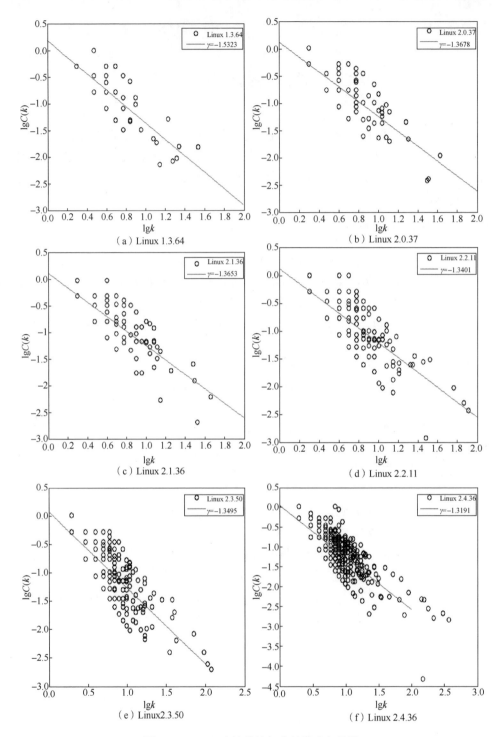

图 9.13　Linux 内核结构拓扑的簇度相关性

表 9.1　Linux 内核结构拓扑簇度相关性变化

| 版本号 | 1.3.64 | 2.0.37 | 2.1.36 | 2.2.11 | 2.3.50 | 2.4.36 |
|---|---|---|---|---|---|---|
| $C(k)$ | 0.0194 | 0.0208 | 0.0207 | 0.0213 | 0.0195 | 0.0227 |
| $\gamma^{C(k)-k}$ | −1.532 | −1.368 | −1.365 | −1.340 | −1.349 | −1.319 |

对于大规模软件来说，当最高层的规模等因素达到一定程度时，必然会从中孕育出更核心的局部结构，从而导致最高层结构发生一次剧变，出现新的模块群，实现新旧更替，建立更深的层次结构。这一过程在软件进化过程中周而复始，必将对软件整体结构产生重要影响。

### 9.4.2　层级特征的进化

核数是度量网络拓扑层级性特征的一个重要指标，5.2 节研究表明，核数比聚集系数和度相关性更适合表示软件网络的层级特性；软件系统核数普遍不是很高，约小于 6，即当前单一软件系统的层次数目非常有限；多数软件的核数进化趋于一个不高的、变化不大的稳定值。统计发现，软件网络中结点的度和核数有着密切的联系，因此研究在软件网络进化过程中两者关系的变化规律，将有助于理解大规模软件层级特征的进化。

图 9.14 显示了 Linux 内核拓扑结构两个版本（2.2.11 和 2.4.36）的核数与度数相关性。由图中可以看到，核数随着度值的增长也在增长，拟合系数为 0.5～0.6，在数值上差别不大。这说明随着结点在核中的深度逐步深入，该结点的度值也越来越大，两者具有正相关性。度值在网络中分布很均匀，结点在核中的深度分布也比较均匀。软件网络的核心结构，其内部结点（类）实现了软件的主要功能。类的功能越强，它所依赖的其他类就多，这非常符合软件的构造性原则。

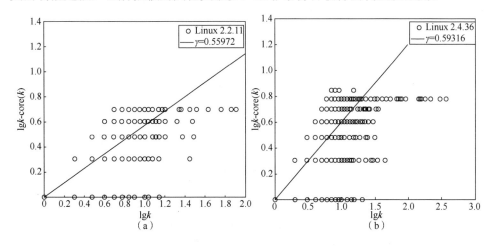

图 9.14　Linux 内核拓扑结构核数与度数相关性

对 Linux 内核选取多版本重复进行度量，得到内核核数和度数的相关性变化，如表 9.2 所示。由表 9.2 可知，随着软件版本的进化，拟合系数 $\gamma^{core}$ 虽然呈上升趋势，但差别不大。这说明在软件设计过程中软件的核心结构是基本不变的，这是由软件设计的基本原则决定的。2.0.37 版本的拟合系数 $\gamma^{core}$ 的值比 1.3.64 版本要小，这是由于 Linux 内核从主版本号 1 进化为 2，软件的结构发生了很大变动，原先模块之间的良好关系在一定程度上被重新设计，但是这并不改变之后的版本进化趋势。

表 9.2  Linux 内核核数与度数相关性变化

| 版本号 | 1.2.13 | 1.3.64 | 2.0.37 | 2.1.36 | 2.2.11 | 2.3.50 | 2.4.36 |
|---|---|---|---|---|---|---|---|
| $k$ - core($k$) | 6 | 6 | 6 | 5 | 5 | 6 | 7 |
| $\gamma^{core}$ | 0.519 | 0.549 | 0.530 | 0.553 | 0.560 | 0.576 | 0.593 |

结点的核数还可度量结点影响范围的大小，结点的核数越大，其在系统中的作用也就越重要，在不断的重构进化中，这些结点将逐渐发展为系统的核心框架。

### 9.4.3  连接倾向的进化

图 9.15 描述了 AbiWord 版本（从 2.02 到 2.83）进化过程中同配性系数（$r$）的演变趋势。从图中可以看出，软件所有版本的同配性系数 $r < 0$，说明此软件是异配的，在 AbiWord 软件更新进化中，同配性不变，只是同配性系数的值随着版本演变而变化；当次版本号发生改变时，同配性系数会随之变小，说明随着软件版本的更新进化，在增加新功能或对局部函数进行改进时，整个软件系统向高度结点与低度结点相连的方向演变。当高度结点与低度结点相连时，说明软件的中心化程度非常高。

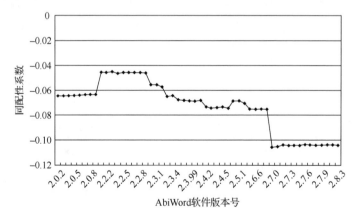

图 9.15  AbiWord 进化过程中同配性系数的演变趋势

图 9.16 描述了在 Blender、Eclipse、KOffice 和 Samba 进化过程中同配性系数的演变趋势。Eclipse、KOffice 和 Samba 都是异配的软件，进化过程与 AbiWord

的变化情况类似。有明显不同的是软件 Blender，此软件早期版本 2.26 和 2.27 的同配性系数 r>0，r 值分别是 0.00024 和 0.000685，但是随着版本的更新进化，同配性系数不断减小，当软件更新到 2.28 时，同配性系数递减到-0.01353，这时就能够体现出软件的中心化趋势。

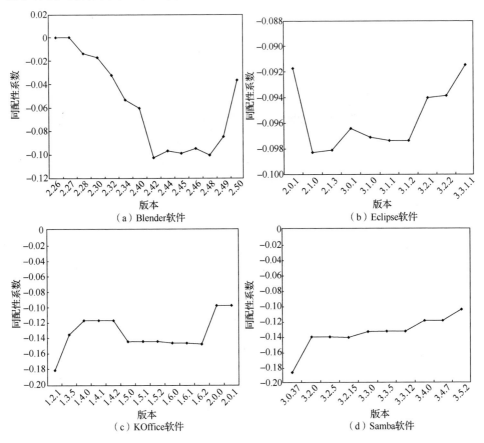

图 9.16　4 种软件同配性系数的演变趋势

　　综上所述，随着软件版本的进化，在增加软件功能模块、整体架构发生变化和改进软件局部函数时，软件会不断更新为异配的网络或保持异配的网络不变。说明这些软件在版本进化过程中高度结点会倾向于与低度结点相连，使软件网络的中心化程度增高。如果软件内核不变动，则在软件进化中同配性系数将呈现振荡曲线的变化规律，并且振荡曲线的振荡区间不会超过 0.1。

## 9.5　本 章 小 结

　　现今，软件变得越来越复杂，极有可能超出人们的控制，理解软件系统的进化将是控制开发过程的关键因素。为了研究软件进化的规律，本章从结点和整体结构两个维度对软件网络的进化进行统计分析，探讨软件在进化过程中度量参数的演变规律，并总结演变过程中软件整体度量参数的变化趋势。

本章主要内容如下。

（1）在软件进化的过程中，软件网络的重要特征量，如平均结点度、平均路径长度、聚集系数、平均介数、复杂度等均上下波动并最终趋向一个稳定值（各种软件不同，各个特征量不同，但值均在一个有限的区间内），说明软件进化伴随着波动逐渐趋于稳定。

（2）高度值结点数量逐渐增多，这是因为新增结点中可能有高度值结点，并且原有结点中度值较低的结点也可能转化为高度值结点。这说明软件版本迭代过程中，新增加的功能有时候会以模块的形式整体加入原有软件结构中，同时原有软件结构中的某些单元会随着软件版本的迭代变得越来越重要。

（3）介数值最高的前 10 个结点在进化过程中同样表现出上升、下降和有升有降的进化趋势，其中上升趋势的结点对应的大多是软件中的基本数据结构或其动作，这一类模块应该在设计和维护过程中引起重视。

（4）软件进化过程中，软件的核心结构变化不大，度量参数呈现振荡曲线的变化规律。通过簇度相关性和核度相关性的分析发现，软件系统进化过程中涌现出越来越明显的模块化和层次性特征，这是由现代软件技术在大规模软件设计中的深入应用和软件的构造原则决定的。

（5）软件进化过程中，软件会不断更新为异配网络或保持异配网络不变，并不断增大异配的趋势。整个软件系统向高度结点与低度结点相连的方向演变，软件的中心性越来越强。

综上所述，软件的进化是软件系统不断逆向工程和正向工程趋于统一的展现形式，通过软件网络特征的大样本进化统计分析，研究进化的模式、形态及基本规律，能为了解软件的生态特征，预测软件的生长规模、具体时刻的状态及行为提供可靠的依据，从而更好地指导开发、实现项目的工程化管理。

# 参 考 文 献

[1] 高志亮，李忠良. 系统工程方法论[M]. 西安：西北工业大学出版社，2004.

[2] BELADY LA, LEHMAN M M . A model of large program development[J]. IBM systems journal, 1976, 15(3): 225-252.

[3] ROBBES R, LANZA M, LUNGU M. An approach to software evolution based on semantic change[C]//Fundamental Approaches to Software Engineering. Braga, 2007: 27-41.

[4] BROOKS F P. The mythical man-month: essays on software engineering[M]. 20th Anniversary edition. Boston: Addison-Wesley Professional, 1995.

[5] RYDER B G, TIP F. Change impact analysis for object-oriented programs[C]//Proceedings of 2001 ACM SIGPLAN-SIGSOFT Workshop on Program Analysis for Software Tools and Engineering. New York, 2001: 46-53.

[6] 杨芙清，梅宏，李克勤. 软件复用与软件构件技术[J]. 电子学报，2002，27（2）：68-75.

[7] MARTIN K, SCHROEDER W, LORENSEN B. Doxygen manuals[EB/OL]. (2018-04-16)[2018-11-04]. https://vtk.org/doc/nightly/html/files.html.

[8] LEHMAN M M, RAMIL J F. Rules and tools for software evolution planning and management[J]. Annals of software engineering, 2001, 11(1): 15-44.

[9] 王林，张婧婧. 复杂网络的中心化[J]. 复杂系统与复杂性科学，2006，3（1）：14-20.

[10] 唐芙蓉，蔡绍洪，李朝辉. 无尺度网络中的统计力学特征[J]. 贵州大学学报（自然科学版），2005，22（1）：13-17.

# 第10章 软件在生态系统中的进化

软件生态系统是由软件与非软件环境中各个相互作用的部分组成的整体，包括人、软件、硬件和自然条件等。系统各部分相互作用构成反馈环，从而达到某种程度的自我控制，并对系统未来状态进行某种限制[1]。作为这一生态系统的核心，软件系统是一个开放系统，软件必须与该生态系统内其他部分不断地进行物质、能量和信息的交流，来维持自己的"平衡态"。软件现有状态的获得就是信息的获得，而软件生态系统则是信息的携带者，软件从一个"平衡态"跳转到另一个"平衡态"的过程就是软件的进化，软件进化导致软件生态系统内各要素彼此关系也发生改变，最后整个软件生态系统达到一个新的"平衡态"。

软件系统是一个靠外部能量输入和内部能量消耗而维持其有序结构（组织化）的开放系统。软件进化的表现形式就是软件静态拓扑结构的进化。本章以前面章节为基础，研究随着时间变化软件系统整体结构体现的秩序性，即有序性，通过对软件系统生态特征的描述、论证，进一步揭示软件系统结构进化的规律和进化中内在特性协同产生的行为，并探讨软件进化的趋势，对软件进化后续版本特性进行预测。

## 10.1 软件系统的序

4.5 节中的研究表明，软件的标准结构熵可作为软件有序性的度量，熵值越小，表明系统的有序性越强或者说越有序。软件系统的序产生和变化离不开与外界能量、信息的交流。

### 10.1.1 耗散结构

前面几章从多个特征量的维度度量并详细分析了软件静态结构的进化，从度量分析结果可以知道，软件静态结构进化的历程并非"一帆风顺"，中间会出现许多微小的涨落，但是这并不影响软件结构进化的趋势。进一步分析发现，软件静态结构的进化进程中存在耗散结构的特征。

耗散结构是指一个远离平衡状态的开放系统与外界环境不断地交换物质和能量，当这一外界条件达到阈值时，通过涨落，系统发生突变，从原有的混乱无序状态转变为一种在时间、空间或功能上远离平衡态的新的有序状态[2]。

耗散结构需要不断与外界交换物质和能量才能维持，并保持一定的稳定性，且不因外界扰动而消失。一个系统形成耗散结构需要满足以下 4 个条件[3,4]。

### 1. 系统必须是一个开放系统

在自然界中，每一个事物和它周围的事物总是有着密切联系的，并受到周围事物的影响，如系统与系统之间总会有千丝万缕的联系，并发生相互作用。因此，将一个系统绝对地"孤立"起来是不可能的，实际上系统总是开放的。耗散结构发生在开放系统中，它要靠外界不断供应能量或物质才能维持。平衡结构不需要任何能量或物质的交换就能维持，它被称为"死"的有序结构；而耗散结构要靠外界不断供应能量才能维持，它被称为"活"的有序结构。

### 2. 系统内部各要素之间存在着非线性的相互作用

复杂系统的复杂现象是由系统内部存在的非线性相互作用形成的，即非线性机制，系统内各要素之间存在以立体网络的方式进行的相互作用。耗散结构只有在构成系统的所有要素之间都存在相互联系和相互作用的前提下才能形成，如果只存在个别因素的相互作用，则产生不了耗散结构。如果系统各组成部分的相互作用是线性的，这种相互作用的总和等于各部分作用相加的代数和，同时这种代数性质的可叠加性意味着各部分的作用是独立的、互不相关的，各个部分只能处于增长或衰减的极端均匀的简单状态，那么其结果必然导致系统的衰亡。系统各部分之间的非线性相互作用则相反，表现在系统各部分之间相互作用、相互反馈，产生千变万化的整体行为，从而形成系统形态的多重性。

### 3. 系统必须远离平衡态

经典热力学证明，任何不消耗能量的孤立系统最终必然走向平衡态，从而使熵达到最大值，这就是上面提到的"死"的有序结构。当系统远离平衡条件时，原有的平衡态将失去稳定性，一些涨落通过耦合作用被放大，而使系统形成一种新的有序结构，即耗散结构。形成耗散结构的必要条件是系统必须远离平衡态，即必须通过外界向它供给能量才能够形成和维持这种有序结构。当然，系统处于远离平衡态是形成耗散结构的必要条件，但不是充分条件，耗散结构的形成还需要其他限制条件。

### 4. 耗散结构总是通过涨落实现突变

一个由子系统之间的非线性作用组成的系统，其可测的宏观量是众多子系统的统计平均效应。但系统在每一时刻的实际测度并不都精确地处于这些平均值上，而是或多或少有些偏差，这些偏差称为涨落，涨落是偶然的、杂乱无章的、随机的。一般情况下，这些涨落不会对宏观的实际测量产生影响，甚至可以被忽略。然而，在临界点（阈值）附近，涨落通过系统内的非线性作用，被不稳定的系统放大，导致系统状态明显的、大幅度变化的现象出现突变，最后促使系统达到新的稳定状态。这表明临界值的存在是伴随着耗散结构的一大特征，各部分之间通过非线性作用将微小的涨落放大，使系统离开热力学分支而进入新的有序态——耗散结构。因为热力学的失稳为此准备好的条件，即通过系统内的非线性作用将其放大，所以涨落起到了触发作用。

### 10.1.2　软件结构的耗散结构特征

优秀的软件系统，如 Linux 内核、Eclipse 等软件，可以从耗散结构的角度来分析软件系统的某些特征。下面根据耗散结构的形成条件，详细分析上述设计良好的软件系统的耗散性。

#### 1. 软件静态结构的开放性

一个进化中的软件系统，其生命周期的大部分时间受到用户需求的驱动，为了满足用户的需求，保持生命力，软件系统会对外开放，从外界吸入负熵，并不断完善。随着系统的熵减少，系统的组织程度或有序度持续增加。

软件系统从初始版本发布开始，就需要根据用户需求的变化或者具有前瞻性的预期用户需求而不断地完善功能，最直接的变化就是软件规模的变化。图 10.1 是 Linux 内核结点数的进化，反映了 Linux 内核源代码规模随版本变化的情况。

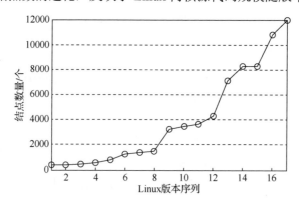

图 10.1　Linux 内核结点数的进化

Linux 内核最初版本的功能相对简单，但是仍然具有文件系统管理、进程调度、内存管理等基本操作系统的必需功能，新版本逐步完善了上述功能，并在多硬件平台支持、设备管理、稳定性等方面不断强化。在处理器芯片的支持上，早期版本的 Linux 内核可以支持多种处理器体系结构，如 Intel x86、Motorola/IBM

PowerPC、Compaq(DEC)Alpha 等，2.4 版本增加了对 IA 64、S/390、SuperH 这 3 种体系结构处理器的支持，也很好地支持同样使用 x86 指令的 AMD 和 Cyrix 公司的系列处理器产品。在设备管理上，Linux 内核 2.4 版本引入了 I2O（intelligent input/output）的设备驱动管理方法，可以更好地支持大部分的 ISA 和 PCI 设备，并且引入了如 USB 等总线接口的设备支持。作为一个开放系统，Linux 内核自从正式发布第一个版本之后就一直没有停止过升级，其功能也在逐步完善。

2. 软件静态结构的非线性自组织

现代大型软件系统都是由许多功能模块组织而成的，各个功能模块协调工作以完成各个功能。在软件结构上，各个功能模块体现了明显的集聚特性；对结构拓扑中的结点而言，其度值体现了该结点与其他结点的交互程度。核数与介数体现了软件静态结构具有层次性。

以彩图 18 所示 Eclipse 软件 2.0.1 版本的拓扑可视化结构图为例，拓扑图中绿色表示继承等灵活连接，蓝色表示关联等紧耦合连接。红色结点是具体类，而黄色结点为抽象类和接口。可以看到，软件结构拓扑图中结点不仅具有典型的集聚特性，还具有高集聚特性，聚集系数都远远大于 $O(N^{-1})$，同时平均路径长度相对于网络规模来说又很小，表明软件系统的静态结构网络具有小世界网络特性。软件网络表现出耦合、聚类、分类上的不同特性，体现出软件静态结构的非线性自组织。

软件网络的核表现了软件静态结构中的层次特征。核数大的结点群会在软件进化过程中发展成软件系统的核心框架。软件模块化设计使软件静态结构的自组织拥有明显的集聚特性，并且结构具有明确的层次划分，层次之间通过少量的结点协作联系，处于同一层级的功能模块内部的结点之间具有紧密的关系。因此，软件静态结构内部各模块间不是独立的，而是相互作用的，是一种非线性的自组织结构。

3. 远离平衡态的软件静态结构

对一个系统而言，平衡态是指系统内部各部分的任何宏观参数，如温度、压力、密度等都完全一致的状态。很显然，这样的状态在开放系统中是不存在的，因为总是存在物质和能量与外界交换而使系统内部并不能完全保持一致。一个进化中的软件系统不可能是一个封闭系统，其生命周期的大部分时间受到用户需求的驱动。为了满足用户的新需求，软件系统向外开放，进行功能的扩展及性能的提高，从外界吸收能量，并不断完善。因此，对进化中的软件系统来说，它是不可能处于平衡态的。

在系统开放度比较小的情况下，系统内部的变化也是比较小的，系统内部的状态变化呈线性关系的近平衡状态。在前面章节的分析中，一个显著特征就是随着软件版本的升级，软件静态结构拓扑的结点数逐渐增加，这说明软件系统在不断引入新的模块或程序单元，也说明用户在不断提出新的功能和性能上的需求。这种变化在某两个版本间有时是比较小的，但是放眼于软件系统的整个生命周期，却是很显著的，这取决于软件系统的开放度。而一个"好"的软件系统受用户需求的驱动及硬件平台的影响，总是在积极地变化，不断打破自身内部原有结构，以适应新的环境要求。这说明软件静态结构不会处于平衡状态。

事实上，软件系统的开放度比较大，系统内部的结构不断被破坏，小的线性变化将量变累积为质变，成为非线性的巨幅变化而远离平衡状态。但是，软件系统处于远平衡态仅是耗散结构出现的必要条件，而不是充分条件，软件系统形成耗散结构还需要其他条件。

4. 软件静态结构进化中的涨落

软件系统可以看作由大量子系统组成，其拓扑结构特征量的度量是众多子系统的统计平均效应的反映。其中有些度量值在进化总体趋势中或多或少会存在偏差，这些偏差就是涨落，它是偶然和随机的。涨落在软件系统处于不同状态时所起的作用是完全不同的，软件系统处于稳定状态时，涨落就是一种干扰，它使系统的结构由稳定走向混乱导致无序；软件系统处于不稳定的临界状态时，小的涨落会被放大到"巨涨落"，驱使系统从不稳定状态跃迁到新的有序状态。

以软件 Proguard 内核为例，通过度量其各版本的平均结点度的变化趋势分析其系统内部结构进化，如图 10.2 所示。从图 10.2 中可以看出，软件 Proguard 的平均结点度是增大的，该软件第 20 个版本，其平均结点度与相邻的前后两个版本相比，变化并不明显，但是它与第 22 个版本的平均结点度相比，值的变化又是很显著的，反映在图中的变化曲线上就是从一个相对稳定的"平台"上升到一个新的相对稳定的"平台"，这中间出现了一个跃迁式的变化。也就是说，这个值的变化是一个巨幅涨落，它使软件系统的结构从一个稳定状态跃迁到一个新的稳定状态。

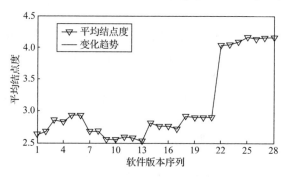

图 10.2　Proguard 平均结点度的变化趋势

综上所述，软件静态结构满足了形成耗散结构的 4 个条件，具有典型的耗散结构特征。因此，从耗散结构的角度来评价软件静态结构的进化是一个新的思路，可以通过软件静态结构的有序度来分析评价软件静态结构进化的"好坏"，以此为依据预测其进化方向，进而对其软件的质量进行控制。对评价软件静态结构进化的"好坏"而言，采用第 4 章和第 8 章的方法，从不同拓扑特征量的维度度量是一种方法。但是如果从宏观层面来评价软件静态结构的进化，需要度量的拓扑结构特征量过多，往往不能直观地描述其有序度，而由 4.5 节的研究可知，用软件标准结构熵来度量软件静态结构有序度是合适和可行的。

### 10.1.3　软件结构有序度的进化

软件静态结构的标准结构熵是其结构有序度的度量，与网络规模无关，因此可以根据一个软件生命周期中足够多的版本的标准结构熵的值来观察其进化规律。随着软件系统版本的迭代更新，软件静态结构的标准结构熵值越大，其有序度越低，结构趋向于无序；相反，软件静态结构的标准结构熵值越小，其有序度越高，结构趋向于有序。

以 Linux 内核为代表的这些业界公认的优秀软件，其静态结构及进化所体现出的某些特征也是一个优秀软件所应具有的特征，根据这些特征可以对软件静态结构及其进化做出评价。彩图 19 描述了 4 个不同版本 Linux 内核在时间维上的拓扑可视化结构图，软件整体结构具有明显的集聚和层次化特征，并且随着版本的进化趋于明显。少量大度值结点实现各个"集团"和层级间的联系，这些重要结点逐渐成为软件静态结构的核心框架。可视化也可明显看出软件进化过程中系统的无序状态不断受到抑制，有序度不断提高，这初步说明系统进化的方向是有序度逐渐增大。

进一步分析不同规模优秀软件的标准结构熵，以 Linux、Firefox 和 Eclipse 为例，这 3 个软件分别采用 C、C++和 Java 语言开发，软件规模较大，具有一定的代表性，其随版本进化的变化趋势如图 10.3 所示。可以看出，标准结构熵均随着软件版本的进化呈下降趋势，且与软件的编写语言、应用领域无关。这说明软件网络的拓扑结构向着有序的方向进化，网络中度分布的差异性越来越明显。据此可得出结论：一般情况下，软件网络向着有序的方向进化，"无尺度"特征越来越明显，软件内聚程度越来越高。

此外，从图 10.3 还可以看出，软件版本的标准结构熵的下降趋势越来越缓，最终趋向于某一稳定值。经大样本统计发现，大部分软件均有此现象，虽然这个稳定值由于软件版本的不同而不同，但稳定值均限定在一定的区间，如图 10.4 所示，此结论与第 10 章软件拓扑特征量进化研究结果相吻合。

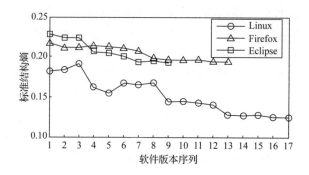

图 10.3 标准结构熵随版本进化的变化趋势

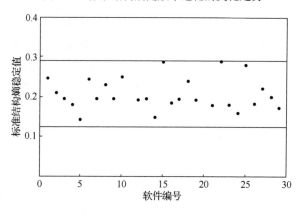

图 10.4 标准结构熵稳定值的分布

# 10.2 软件系统的生态特征

由前面章节的研究可知，宏观上软件静态结构拓扑呈现动态稳定性的特征，作为一种耗散结构，软件系统一定具有自我稳定能力，能够在一定范围内自我调节，从而保持和恢复原来的有序状态、保持和恢复原有的结构和功能。为了保持其宏观拓扑结构的稳定性，软件进化过程中必须平衡那些小的涨落，体现出软件系统的生态特征。

## 10.2.1 软件的代谢

生态系统是具有自动调节功能的开放的"自持"系统。在软件生态系统中，软件系统作为系统的核心，其生态特征、进化影响等对整个生态系统的发展起到决定作用。10.1 节在复杂网络领域和统计物理学领域的研究表明，软件系统在进化过程中不断与外界环境进行物质、能量和信息的交换，即代谢。只有在代谢的基础上，系统才能表现出增长、变异等基本特征，系统才会在远离平衡的条件下保持稳定。代谢活动一旦停止，软件进化的动力就消失了，该软件生态系统也趋于消亡。

软件静态结构依靠其结点之间的吸附作用有效地维持着系统的平衡。为保持其宏观拓扑结构的"动态"稳定性，就必须平衡那些小的涨落，在进化过程中进行信息代谢。按照生态学的观点，信息代谢过程是软件网络通过与外界交换信息，以调整自己的结构，提高自己的生态位，从而更有利于自己的生存。从信息论的角度来看，软件网络的信息代谢过程，就是它获得拓扑结构信息的过程，这个过程必然导致系统的信息熵（结构熵）降低，使软件的宏观拓扑结构具有异质性，涌现出一种序。第 9 章通过平均结点度、平均介数、簇度相关性、核数等特征量的进化验证了软件网络进化的"动态"稳定性；9.2 节和 9.3 节通过高度结点和高介数结点的进化，分析了软件结构内部重要结点的代谢过程；9.4 节通过大样本软件网络匹配系数的进化分析，验证了软件静态结构的进化是向着异质性，即结构有序的方向进行的；10.1 节通过软件结构的耗散结构特征和标准结构熵的进化验证了软件进化的有序性增长。这些结论表明，在软件静态拓扑结构的进化过程中必然存在着信息代谢。

从软件工程角度来看，一个被开发的软件系统，在产品未完成之前，其雏形肯定处于远离用户需求的平衡状态。为了满足用户的需求，需要通过类的重构、继承、复用及模块化、层次化等设计手段实现软件功能的重组和代谢，这是一个不断从外界获得能量的过程。随着软件的不断成熟，软件交付使用时，其代谢过程或对外吸收能量的过程才会减缓，逐步达到一个新的平衡态。软件系统会逐步由低级向高级进化，而不会出现由高级到低级的退化，进化使软件及其过程更加组织化和有序化，从而使软件或过程的适应性更加稳定，并在此基础上继续发展。

## 10.2.2　软件的自组织

组织是指某种现存事物的有序存在方式。组织化意味着事物从无序、混乱朝有序结构方向进化，即从低有序度向高有序度进化。组织的过程就是一个质变的过程。Haken 对自组织的定义如下：如果一个体系在获得空间的、时间的或功能的结构过程中，没有外界的特定干涉，我们便说该体系是自组织的。这里"特定"一词是指那种结构或功能并非外界强加给体系的，而是外界以非特定的方式作用于体系的[5,6]。

从系统论的观点来看，软件的"自组织"是指软件系统在内在机制的驱动下，自行由简单到复杂、从粗糙到细致，不断提高自身的复杂度和精细度的过程；从热力学观点看，软件的"自组织"是软件系统通过与外界交换物质、能量和信息，不断降低自身熵含量，提高有序度的过程；从进化论的观点看，软件的"自组织"是指组织结构和运行模式不断自我完善，不断提高适应能力的过程[7]。

软件过程中的"自组织"主要是在内部机制的驱动下，由低级向高级不断进化发展的过程。在开发过程中，不断从外界吸收能量，功能自我完善、从无到有，结构由简单到复杂，其功能和性能不断增加，直到实现软件目标。该过程如果要实现"自组织"，就必须满足以下条件。

（1）单元约束。第4章、第5章和第8章的研究表明，设计良好的大规模软件系统，软件网络的平均度、平均介数、簇集系数、核数等特征量的值均限定在某一区间，这说明软件系统内各个模块间存在着自我约束。例如，软件规模、耦合度、扇入扇出、顺序结构、循环结构等，这既是模块对自我构成的要求，也是系统对其功能划分的要求。

（2）微观决策。局部或小团体的自主性也是自组织的标志。第4章研究的软件度分布、度相关性、聚集系数和度相关性、同配性系数等表明软件系统中，每个单元能自发地决定自己的功能、连接倾向。正是这些微观的决策构成了软件系统的整体特性。

（3）短程通信。软件系统中某个单元或模块的运行，离不开相近模块的配合。4.3节平均路径长度的大样本分析证明了软件内部存在着较好的短程通信，这必将导致模块间联系更强，结构更紧密，自组织也更强；4.4节影响度和依赖度的分析证明软件单元靠短程通信拉近与邻近模块的关系，并对局部和全局范围产生影响。

（4）整体协调。软件系统的有效运行离不开整体的协调，软件工程的思想和设计手段大量应用于实际开发过程中，4.2节、5.3节通过簇度相关性、核数研究从模块化、层级性等方面证实软件设计方法导致结构的优化，软件系统的协调保证了系统的一致性和稳定性。

（5）迭代优化。从整体上看，软件系统面临着从低级向高级进化的使命。4.3～4.5节、5.3节和第9章通过效率、连接倾向、复杂度、标准结构熵等的分析验证了系统结构和版本进化中的迭代和有序发展，进化使软件完善，增加适应性，延长生命周期，如果停止维护，其生命周期将迅速完结。

综上可知，软件具有自组织的特征，其表现形式包含自创生、自复制、自生长和自适应。其中，自创生表现为软件网络中新结点的连接趋势和进化规律（8.2节、8.3节）；自复制体现在不同软件和同一软件不同进化版本拓扑特征均具有相似的无尺度和小世界特征（第5章、第8章、第9章）；自生长表现在软件进化过程中功能的由无到有、由有到精，微观拓扑结构每个结点都在变化，有生有灭，宏观拓扑结构朝着有序度加强、复杂度增长的方向进化（第9章、10.1节）；自适应体现在各种软件系统不论规模还是应用领域，在进化过程中为适应生态系统内外界的要求，内部结构均适应性地产生相似的特征（5.3节、第9章）。例如，宏观拓扑结构的各个核数层都呈现出明显的无尺度特征。

## 10.2.3　软件的突变

突变性是指系统具有差异性的机制。软件系统因信息代谢而存在，因自组织而保持稳定有序，因突变而不断进化。突变是系统新信息的主要来源，是系统发展的原动力。突变论认为，系统处于稳定态时，其状态函数取唯一值，随着值发生变化，系统由一种稳定状态到另一种稳定状态，在这一时刻发生了突变[8]。突变是系统质变的一种基本形式，软件开发就是这样从渐变到质变的过程。与突变论相似，从混沌理论看，软件开发过程在行为上可表现为：系统从杂乱无章的混沌状态（用户提出需求，软件设计和编码未开始），到阵发混沌状态（需求分析或软件设计部分完成，编码部分完成，还在调试和测试），最终进入稳定状态（一个软件的正式版本完成提交）。

按照耗散结构理论的观点，软件网络拓扑结构的突变过程也就是系统在不稳定平衡态中产生振荡的过程，这非常清晰地体现在第 9 章度分布、平均路径长度等特征量版本进化过程分析中的波动性上。通常情况下，软件网络通过拓扑结构代谢和自组织过程，不断地平衡着由突变所形成的小的涨落，但是这种自我调节能力是有一定限度的，如果拓扑结构的自组织过程所产生的误差被正反馈不断地放大（如高度结点、高介数结点、核数最高层结点的变化），就会对软件网络的宏观拓扑结构产生破坏性的影响，最终可能导致软件消亡。

突变具有系统敏感性，高度优化的设计也很可能具有不理想的性质，因为结构上最优常与对缺陷的高度敏感性相联系，从而会产生特别难应付的灾难性。设计高度优化的软件系统也常具有不稳定性，这是因为系统难免有缺陷，而由于结构高度敏感，对每个量都要求绝对精确是不可能的，小的差错可能会导致突变变成灾变。因此软件系统常常被设计成稳健脆弱的，软件系统与其他复杂网络相似也是靠冗余来保证系统的容错性。与其他网络的自组织冗余不同，软件系统是人为适度冗余，即对软件失效后果特别严重的场合（交通管制、安全控制等）使用 N 版本编程法、恢复块等冗余技术进行软件容错；利用冗余资源来实现分布式系统的容错性，而对于一般以需求为目的的优化设计，冗余则是尽量减少甚至避免的。众所周知，软件系统是脆弱的（找不到链接库、单一类变化导致瀑布修改等），软件工程方法着重从开发的各个过程出发，致力于解决这些问题。这虽然能从某些侧面提高软件的质量，但很难达到期望的效果。软件开发中逐步出现封装、解耦、模块化、分层等方法来限制脆弱点的影响范围，这与第 4 章分析的软件网络自发表现出集聚、短路径等特征相符，因此可借鉴研究结论来探讨解决此问题的方法。

# 10.3　软件的进化

第 9 章基于软件网络的特征量和它们的相关性研究了软件进化规律，据此本节研究软件的进化趋势。

## 10.3.1　软件的进化速率

软件进化的快慢可以用进化速率来描述，进化速率可定义为单位时间内软件进化改变的量。软件进化改变的量可以以可度量的软件形态特征的量值变化来衡量。时间可以用年来衡量。为了便于不同对象的比较，需要将不同的度量单位换算成统一单位，因此采用形态学统一度量单位——达尔文单位来表述[9]。

【定义 10.1】　软件静态结构网络的进化速率可表示为

$$V = \frac{\ln X_2 - \ln X_1}{t_2 - t_1}$$　　　　　　（10.1）

式中，$X_1$ 为初始状态值；$t_1$ 为初始时间；$X_2$ 为终止状态值；$t_2$ 为终止时间。

Linux 是著名的开源软件，在几十年的进化过程中，其代码数量从当初的几万行到如今已经超过了 1000 万行，而在软件网络中，软件规模是用结点数来衡量的。图 10.1 通过网络结点数量的变化趋势反映了 Linux 内核规模的变化，由此可以直观地看出软件规模在某一时间段内的变化速率。为了简化分析，可选用 Linux 软件规模（结点数）作为进化特征量，表 10.1 列出了 Linux 内核软件 5 个主要版本的发布年份、软件网络中结点数和进化速率度量值，由此可以看出 Linux 内核进化速率相对较慢，这是与操作系统这类特殊软件的复杂性密切相关的。

表 10.1　Linux 内核规模变化（1）

| 版本号 | 0.01 | 1.2.13 | 2.0.37 | 2.2.11 | 2.4.36 |
|---|---|---|---|---|---|
| 发布年份 | 1991 | 1995 | 1996 | 1999 | 2003 |
| $N$ | 243 | 552 | 1776 | 3593 | 9453 |
| $V$ | 0 | 0.20 | 0.40 | 0.34 | 0.31 |

## 10.3.2　软件的进化趋势

软件进化是量变加质变的过程，总的趋势是适应性增强，有序性增大，复杂性增加，结构趋于稳定。软件进化速率仅能粗略地描述各软件版本相对初始版本进化的快慢，进一步研究软件阶段性进化的快慢对理解软件和研究软件进化趋势有重要帮助。

灰色系统是指部分信息已知、部分信息未知的系统[10]。它通过对部分已知信息的生成、开发了解、认识现实世界，实现对系统运行行为和进化规律的正确把握和描述。它是一种分析小样本、大趋势的数值计算方法。灰色系统理论中的灰色关联分析方法[11]是指在不完全的信息中对所要分析研究的各因素进行一定的数据处理，在随机的因素序列间找出它们的关联性，发现主要矛盾，找到主要特性和主要影响因素。很显然，软件系统属于一种灰色系统，因此可借鉴灰色关联分析方法来研究软件进化趋势[8]。

软件进化趋势的计算方法与步骤如下。

### 1. 数据预处理

将时间序列的原始数据作变换处理，消除量纲，增强各因素之间的可比性。

（1）数据累加。设原始数据序列为 $\{X_n'\} = \{x_1', x_2', \cdots, x_n'\}$，根据灰色理论[8]，先进行累加，累加方法如式（10.2）所示。

$$
\begin{aligned}
x_1 &= x_1' \\
x_2 &= x_1' + x_2' \\
x_3 &= x_1' + x_2' + x_3' \\
&\vdots \\
x_n &= x_1' + x_2' + x_3' + \cdots + x_n'
\end{aligned}
\tag{10.2}
$$

根据灰色理论定理可知，生成序列 $\{X_n\}$ 为单调递增的序列，通过累加将研究对象由 $\{X_n'\}$ 变换为 $\{X_n\}$。

（2）数据删减。利用数值分析的数据平滑处理方法，取多个数的平均数生成3个基本点来减少数据，以便分析整体数据的大趋势。可取 2、3、4 或 5 等多个数进行平均，以 7 个点为例进行分析。

第一个点：

$$x_1^0 = (x_1 + x_2) / 2$$

第二个点：

$$x_2^0 = (x_3 + x_4 + x_5) / 3$$

第三个点：

$$x_3^0 = (x_6 + x_7) / 2$$

（3）数据平移。为了从原点开始分析，可对数列进行数据平移，即每个点值减去 $x_1^0$，得到新序列 $\{Y_n^0\} = \{0, y_2^0, y_3^0\}$。

（4）数据压缩。为使数据标准化、简单化，按比例压缩数据序列 $\{Y_n^0\} = \{0, y_2^0, y_3^0\}$，可得到新序列 $\{Y_n\} = \{0, y_2, 1\}$，由此可得

$$
\begin{aligned}
y_1 &= 0 \\
y_2 &= y_2^0 / y_3^0 \\
y_3 &= 1
\end{aligned}
$$

（5）收敛速度。参考函数 $x^n$ ，判断 $\{Y_n\}=\{0,y_2,1\}$ 的收敛快慢，根据数学分析可知在区间[0,1]上，如果 $\lim\limits_{x\to 0}\dfrac{f(x)}{x^n}=c$ ，其中 $n>0$ ，则 $f(x)$ 与 $x^n$ 收敛速度同阶，即 $n=\dfrac{\lg y}{\lg x}$ 。

2. 判断进化趋势

（1）求斜率（斜率即进化趋势）。取 3 点坐标 $(0,0)$, $(0.5,y_2)$, $(1,1)$ ，可得两条线段斜率分别为 $k_1=2y_2$ ， $k_2=2(1-y_2)$ ，为判断进化速率，作以下规定：

① $k_1,k_2\geqslant\tan 60°=1.732$ ，称为进化速率很快；

② $1.732>k_1,k_2\geqslant\tan 45°=1$ ，称为进化速率快；

③ $1>k_1,k_2\geqslant\tan 30°=0.577$ ，称为进化速率中；

④ $0.577>k_1,k_2\geqslant\tan 0°=0$ ，称为进化速率慢。

（2）通过计算 $k_1,k_2$ 值，比较其大小，即可判断前后两条线段进化速率的快慢。

按照以上方法以 Linux 内核软件结点规模为参考量计算 Linux 内核系列发展的趋势。表 10.2 列出了 Linux 内核软件 7 个主要版本软件网络中的结点数。

表 10.2　Linux 内核规模变化（2）

| 版本号 | 1.2.13 | 1.3.64 | 2.0.37 | 2.1.36 | 2.2.11 | 2.3.50 | 2.4.36 |
|---|---|---|---|---|---|---|---|
| $N$ | 552 | 961 | 1776 | 1989 | 3593 | 5056 | 9453 |

软件规模大小数据已经是单调递增的，表 10.2 中数据，依次按版本号递增取结点数为 x 序列的值，即 $x_1=552,x_2=961,\cdots,x_7=9453$ ，因此计算步骤如下。

（1）减小数据。

第一个点：
$$x_1^0=(x_1+x_2)/2=756.5$$

第二个点：
$$x_2^0=(x_3+x_4+x_5)/3=2452.7$$

第三个点：
$$x_3^0=(x_6+x_7)/2=7254.5$$

（2）数据平移。每个点值减去 756.5 得到序列 $\{0,1696.2,6498\}$ 。

（3）数据压缩。简单化，按比例压缩数据序列，可得到新序列
$$y_1=0$$
$$y_2=y_2^0/y_3^0=0.26$$
$$y_3=1$$

（4）求斜率。

$$k_1 = 2y_2 = 0.52$$
$$k_2 = 2(1-y_2) = 1.48$$

由计算结果可知，$k_1 < k_2$，Linux 内核软件后半段比前半段进化速率快；$k_1 < 0.577$，说明前阶段进化速率慢，Linux 内核产品前期发展较慢；$1 < k_2 < 1.732$，说明后阶段进化速率快，Linux 内核产品后期发展较快。

### 10.3.3　软件的进化预测

软件网络进化的方向是标准结构熵逐渐减小，有序性和复杂性增加，系统结构趋于稳定。由 8.2 节复杂度定义可知，系统有序和复杂度呈正相关的关系。由图 9.1 可以明显地看出，VTK 软件的复杂度随时间的变化规律与 Logistic 方程[12,13]研究的随时间生长变化规律相似。由前面章节分析可知，软件复杂度显然存在增长的极限。另外，复杂度增长的速度也与软件当前复杂度值呈正相关。以上构成使用 Logistic 模型研究结构进化的前提条件[14,15]。可使用该模型预测软件网络特征量的进化。以 VTK 软件为例，对图 9.1 中数据进行拟合，可得到 SC 关于时间的进化模型[16,17]。

Logistic 方程是由 Verhulst 提出的在资源有限条件下研究人口发展的模型，将其应用于软件网络数据得到式（10.3）所示的非线性微分方程：

$$\frac{\mathrm{d}SC}{\mathrm{d}t} = rSC\left(1 - \frac{SC}{k}\right) \qquad (10.3)$$

式中，$t$ 为软件版本号，$t_0 = 0$（以版本号 1.0 为初值）；SC 为 $t$ 对应的复杂度；$k$ 为软件复杂度极限值；$r$ 为与环境条件和种群物种特性有关的参数，这里表示复杂度的增长速率。对式（10.3）进行积分得

$$SC = \frac{k}{1 + \frac{k}{SC_0 - 1}\mathrm{e}^{-rt}} = \frac{k}{1 + m\mathrm{e}^{-rt}} \qquad (10.4)$$

式中，$SC_0 = SC_{(t-0)}$，$m = k/SC_0 - 1$。令式（10.3）等于 0，得 $t = \ln m / r$，为增长的高峰点；令式（10.3）的二阶导数等于 0，得 $t_1 = (\ln m - 1.317)/r$，$t_2 = (\ln m + 1.317)/r$，为增长函数的两个拐点，这样 SC 模型有 3 个增长关键点。采用 Levenberg-Marquardt 算法，对模型参数进行非线性拟合，为提高迭代的速度，对参数值先进行估算取初值 $k = 0.62$，$m = 3.46$，$r = 0.3$，经 20 次迭代后得参数值 $k = 0.71$，$m = 4.07$，$r = 0.19$，拟合曲线如图 10.5 所示，拟合度 $R^2 = 0.9962$，很好地拟合了 SC 的增长过程。表 10.3 列出了 VTK 软件版本从 1.0 到 5.0 复杂度的实际值和预测值。复杂度的增长方程为

$$SC = \frac{0.71}{1 + 4.07e^{-0.19t}} \tag{10.5}$$

计算出增长的关键点分别为 $t_1 = 1.65 \approx 2$，$t = 8.59 \approx 9$，$t_2 = 15.52 \approx 16$，即版本 1.2、3.0、4.3。观察图 10.5，两个拐点将 SC 进化模型分为 3 个阶段，即渐增期（版本 1.0~1.2）、快增期（版本 1.2~4.3）和缓增期（版本 4.3~∞），增长的峰值位于版本 3.0 处。这与图 9.1 软件实际 SC 变化相符，表明 SC 进化的 Logistic 模型能较好地表达 VTK 软件复杂度的增长过程，模型的意义在于预测，因此预测其下一版本的复杂度可能为 0.62。

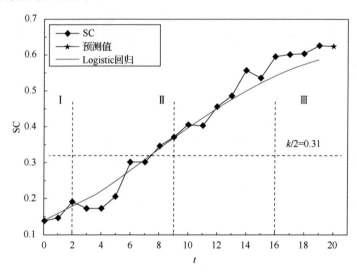

图 10.5　VTK 软件复杂度进化模型拟合曲线

表 10.3　复杂度的实际值与预测值

| $t$ | 0 | 1 | 2 | 3 | 4 | 5 | 6 | 7 | 8 | 9 | 10 | 11 | 12 | 13 | 14 | 15 | 16 | 17 | 18 | 19 |
|---|---|---|---|---|---|---|---|---|---|---|---|---|---|---|---|---|---|---|---|---|
| 版本 | 1.0 | 1.1 | 1.2 | 1.3 | 2.0 | 2.1 | 2.2 | 2.3 | 2.4 | 3.0 | 3.1 | 3.2 | 3.3 | 4.0 | 4.1 | 4.2 | 4.3 | 4.4 | 4.5 | 5.0 |
| 实际值 | 0.14 | 0.15 | 0.20 | 0.18 | 0.18 | 0.21 | 0.31 | 0.31 | 0.35 | 0.38 | 0.41 | 0.41 | 0.47 | 0.50 | 0.57 | 0.55 | 0.61 | 0.61 | 0.62 | 0.64 |
| 预测值 | 0.12 | 0.14 | 0.16 | 0.18 | 0.21 | 0.23 | 0.27 | 0.30 | 0.34 | 0.37 | 0.40 | 0.43 | 0.47 | 0.49 | 0.52 | 0.55 | 0.57 | 0.59 | 0.61 | 0.63 |

## 10.4　本　章　小　结

本章将软件的进化放进软件生态系统中进行讨论，首先定义了软件生态系统，然后引入耗散结构的概念说明软件是一个具有耗散结构特征的开放系统。软件的进化是在软件生态系统内实现的，过程中包含着和外界的信息能量交换。进化使软件系统具有显著的代谢、组织化、有序化和突变等生态特征，从而使软件获得的适应性得到稳定，并在此基础上继续发展。进一步通过定义进化速率和灰色理论分析软件进化的趋势，给出全局速度和阶段快慢的判别方法。最后利用动态Logistic 预测法对软件复杂度进化做出预测。

本章主要内容如下。

（1）软件进化的方向是有序性增强、复杂性增加，而拓扑结构趋于稳定性。

（2）软件系统是一个具有耗散结构特征的开放系统。

（3）在软件进化过程中，绝大部分软件网络的标准结构熵逐渐减小并最终趋于稳定值，该稳定值分布在区间（0.12,0.3）。软件进化过程表现为结构熵不断减少，系统结构朝着有序的方向发展，并且在有序度提高的过程中逐渐趋于稳定。

（4）软件系统具有代谢、自组织、突变的生态特征。实现向有序方向进化的原因在于软件系统内部结构蕴含的这些生态特征和外部自然力的持续相互作用。

（5）软件的进化趋势可以用进化速率来度量，并给出利用灰色理论判别进化趋势的模型方法。

（6）动态 Logistic 预测法可用在软件网络特征量的进化预测中为软件静态结构进化的评价提供依据。

综上所述，软件进化过程是通信效率和稳健性共同作用，使整个结构达到有序的过程。理解静态拓扑结构特征在该过程中的某些规律，有助于软件的迭代开发和质量控制。

# 参 考 文 献

[1] 张凯. 软件演化过程与进化论[M]. 北京：清华大学出版社，2008.

[2] DING X Q, WU Y S. Unify entropy theory for pattern recognition[J]. Acta electronica sinica, 1993, 21(8): 1-8.

[3] CAO F J, XU H C, JIAO Y T. Process analysis of construction quality management system for water project based on dissipative structure theory[J]. Advanced materials research, 2013: 655-657, 2230-2234.

[4] WANG Y. Structural adjustment of disciplines in higher learning institutions from the perspective of dissipative structure theory[J]. Advanced materials research, 2013: 634-638, 3908-3913.

[5] HAKEN H. Information and self-organization: a macroscopic approach to complex systems[M]. Berlin: Springer Science and Business Media, 2006.

[6] 吴彤. 自组织方法论论纲[J]. 系统辩证学学报，2001，9（2）：4-10.

[7] 师汉民. 从"他组织"走向自组织：关于制造哲理的沉思[J]. 中国机械工程，2000，11（1,2）：80-86.

[8] 张凯. 软件缺陷混沌分形描述与软件质量进化度量的研究[D]. 武汉：武汉理工大学，2005.

[9] 张昀. 生物进化[M]. 北京：北京大学出版社，1998.

[10] 邓聚龙. 灰色系统基本方法[M]. 武汉：华中理工大学出版社，1987.

[11] 袁嘉祖. 灰色系统理论及应用[M]. 北京：科学出版社，1991.

[12] WU R L, MA C X, CHANG M, et al. A logistic mixture model for characterizing genetic determinants causing differentiation in growth trajectories[J]. Genetics research, 2002, 79(3): 235-245.

[13] AUSTIN P C, STEYERBERG E W. Predictive accuracy of risk factors and markers: a simulation study of the effect of novel markers on different performance measures for logistic regression models[J]. Statistics in medicine, 2013, 32(4): 661-672.

[14] CHAMBLESS L E, CUMMISKEY C P, CUI G. Several methods to assess improvement in risk prediction models: extension to survival analysis[J]. Statistics in medicine, 2011, 30(1): 22-38.

[15] UNO H, CAI T, PENCINA M J, et al. On the C-statistics for evaluating overall adequacy of risk prediction procedures with censored survival data[J]. Statistics in medicine, 2011, 30(10): 1105-1117.

[16] PENCINA M J, D'AGOSTINO SR R B, SONG L. Quantifying discrimination of Framingham risk functions with different survival C-statistics[J]. Statistics in medicine, 2012, 31(15): 1543-1553.

[17] JASPERS M, WINTER A F, BUITELAAR J K, et al. Early childhood assessments of community pediatric professionals predict autism spectrum and attention deficit hyperactivity problems[J]. Abnorm child psychol, 2013, 41(1): 71-80.

# 第 11 章　总结与展望

## 11.1　工　作　总　结

　　当前，人们通过设计大规模软件来解决日益复杂的实际问题，通过软件工程的研究来解决软件质量问题。随着软件应用领域在深度和广度上的拓展，复杂性作为软件功能日益强大的必然产物，已经成为软件的固有特性，随之而来的是软件的质量越来越难以控制，人们对开发的软件系统越来越陌生，传统的软件分析、软件测试、软件度量、软件设计、软件进化等理论在现代大规模软件的分析过程中越来越具有局限性，很难有效应用于系统规模、用户数量、组成元素交互等均呈几何数量级增长的复杂软件系统。解决软件危机的关键在于解决软件的复杂性，软件系统的外在表象归根结底是由软件的内部结构决定的，而软件结构蕴含着软件所有的拓扑信息并呈现网络化的特征，因此本书结合传统软件工程和复杂网络理论，从复杂网络这一新的视域来观察、评价软件系统，采用与传统"还原论"相反的"本体论"的思想对其加以描述，从多个维度对软件静态结构特征进行分析研究，据此提出一种新的大规模软件度量评价体系并加以实验验证，在此基础上通过对软件结构进化特征和规律的研究，揭示软件进化的本质，并提出判别软件进化速率和预测软件进化趋势的方法。本书可对软件的设计、理解、测试、重构提供指导建议，在提高软件可信性、评价软件质量等方面有广阔应用前景。

　　本书的研究工作如下。

　　（1）通过软件静态结构的网络化映射构建软件网络模型作为分析研究的前提，引入复杂网络的基本理论，设计一个软件静态结构解析工具实现软件网络拓扑的可视化和网络特征量的计算，对软件系统整体进行直观粗略评价；经过大样本软件结构特征的计算，验证软件网络是一种复杂网络的论断，同时构建软件样本档案库，为后续的研究奠定基础。

　　（2）考虑到软件内部结构的复杂性，进一步分析软件网络特征量的相关性、网络效率和连接倾向，并基于新定义的依赖度、影响度和热力学熵的概念从不同角度构造两种系统复杂性的定量描述，为软件网络的度量和进化研究奠定理论基础。

　　（3）从软件的基础结构入手，定义大规模软件的基础结构由所有的顶层基类及其之间的关联组成，通过对软核结构的提取和扩展，利用核数定义和 $k$ 核分解分析大规模软件的潜在结构特性，对核数在软件系统层级性、中心性、连接趋势、进化趋势等方面的重要地位和影响进行量化分析研究，初步形成软件设计合理的判据，为增进对复杂软件系统的理解和度量、质量评估做好准备。

（4）与传统度量方法比较，提出了一个基于复杂网络的二维的软件度量方法体系（BCN 测度体系）并加以评价，从软件网络的微观构成和宏观拓扑两个维度对软件网络的结构特征进行研究，定义 8 个测度来全方位度量软件系统的重要单元和结构特性，量化了软件质量的评价，并通过实际的水电仿真系统验证该体系的合理性、可行性和有效性。

（5）基于度量方法体系从时间维对软件系统的进化规律进行研究，重点对软件网络平均结点度、平均介数、核数、簇度相关性、匹配系数等重要特征量进行大样本的度量统计分析，揭示软件整体度量参数的变化，研究软件进化的模式、形态及基本规律，为了解软件生态特征、预测软件进化趋势、指导软件项目开发提供可靠依据。

（6）将软件系统放在软件生态系统中，通过标准结构熵考察软件网络进化整体体现的有序性，揭示进化使软件具有显著的代谢、组织化、有序和突变的生态特征，软件进化的趋势是获得适应性稳定，并通过定义进化速率和灰色理论给出量化判别方法，利用 Logistic 方程对软件复杂度进化做出预测，使软件开发人员更清楚地了解软件结构对软件进化的影响，为软件开发和质量控制提供参考。

## 11.2　软件系统的生态特征主要贡献

本书的主要贡献如下。

（1）将大规模开源软件的静态结构抽象为网络化的拓扑模型，构造了从软件静态结构到复杂网络的映射，实现了复杂网络和软件工程的有机结合，扩展了复杂网络理论应用领域，从一个崭新的角度来研究软件复杂性控制和质量评价。

（2）采用区别传统度量的大样本统计方法，通过对大量优秀开源软件网络的度、介数、核数等重要特征量的研究，从结构上定量描述软件特征并进行设计模式匹配分析。

（3）开发了一种专用的软件解析工具，实现了软件拓扑结构特征量计算和可视化评价，建立了大量大型优秀开源软件结构特征样本档案库，为后续分析其共性提供凭证和参考。

（4）定义了软件网络核并设计算法，首次提取多层次内核，增强理解软件核心模块对整体结构的影响，通过软件网络核对软件从总体设计上进行评价改进和代码优化，通过对软件核的追踪分析研究软件核心框架的进化，提高理解一个面向对象软件的效率。

（5）软件网络分析得到一些新的结论，如大规模软件多数是异配的；最高核数层的重要地位；软件结构具有日益明显的层次化、中心化特征；软件的新增结点多为低度值结点，新旧交互部分多为新增低度值结点与原有部分相连；复杂类倾向于与临界层简单类进行交互；复杂性可由结点对结构的平均影响或标准结构熵来量化等，并深入探讨了软件复杂网络特征与软件设计、度量、测试、成本等的内在联系。

（6）根据大样本分析，得到结构设计良好软件的统计学判据：软件网络拓扑孤立结点较少；核很小并限定在一定范围，为 3～9；保证可靠性的度分布系数为 1.2～2.8；保证高效性的平均路径长度为 2～7；连接率约为 84%等。这些判据能很方便地应用于现实软件系统的开发过程中，增强对软件的理解，并成为质量评估的参考。

（7）提出度量软件复杂性和成本的新测度：对软件开发过程中最关心的复杂性控制和软件成本建立了新的量化测度，补充和扩展了软件度量方法，在探究降低软件成本等各方面进行了新的尝试。

（8）定义合理的包含 8 个测度的软件静态结构测度集，形成完整的适用于大型软件的二维度量评价体系（BCN 测度体系）并加以理论评价和实例验证。从软件网络的微观构成和宏观拓扑两个维度对软件网络进行全方位的分析，度量、评价软件系统的重要单元和结构特性，量化了对软件质量的评价。对现有软件度量理论在支持大型软件开发方面所面临的局限性进行有益的探讨，推动新的软件度量理论的产生与发展。

（9）针对软件进化中软件复杂性和软件网络拓扑结构变化的机理，从结点和整体结构两个维度进行研究，对平均结点度、度分布、度相关性、平均结点介数等指标进行度量和分析，总结软件进化的规律：单个模块责任逐渐减小，少数模块责任逐渐增大；基本数据结构模块和逐渐形成的少数中心性较高的模块是设计和维护的重点；异配的趋势不断增大；中心性越来越强；复杂度会不断升高但最终趋于稳定；软件系统整体结构进化最终趋于稳定。

（10）针对软件进化中静态结构有序性的进化，提出用标准结构熵度量软件静态结构有序度的方法。研究表明，大多数软件的标准结构熵逐渐下降并趋于稳定，在区间（0.12,0.3）上，软件进化向着结构有序的方向进行。

（11）软件系统是一个具有耗散结构特征的开放系统。在软件生态系统内，进化使软件系统具有显著的代谢、组织化、有序化和突变等生态特征，从而使软件获得的适应性得到稳定。软件进化的方向是有序性增强、复杂性增加，而拓扑结构趋于稳定。

（12）软件的进化趋势可以用进化速率来度量，并可用灰色理论模型判别进化快慢，用动态 Logistic 预测法进行进化预测，从而初步评价软件静态结构的进化，为软件的迭代开发和质量控制提供帮助。

# 11.3　研究展望

软件的复杂性控制和质量保证是近年来软件工程领域的一个研究热点。当软件规模越来越大、复杂性越来越高时，传统的软件工程方法表现出越来越多的局限性，现今软件结构成为影响软件质量的主要方面。研究发现，软件系统的结构不是随机和无序的，大多数呈现小世界和无尺度的复杂网络特征[1]，这就为软件工程和复杂网络学科交叉研究提供了基础。基于此，本书在现有研究基础上，用全新的理论对系统结构进行再认识，围绕软件网络的拓扑结构进行详尽的分析和度量，提出一种新的软件分析度量体系，并对软件的结构进化和进化趋势进行深入研究，力求从本质上理解和改善软件系统的内在结构，客观评价软件可靠性，为软件开发和维护提供指导，在降低软件成本、判定质量优劣等各方面进行新的探索。但这种软件工程与复杂系统的交叉研究还处于起步阶段，本书中所涉及的研究内容中有许多方面仍然存在深入研究的空间，下一步的研究工作将主要在以下几个方面展开。

（1）增大软件样本空间，完善度量数据。软件网络研究需要大量的优秀软件样本，样本空间越大，统计学上得出的结论越客观、越具有代表性。不仅要增大每个样本软件的版本数量，扩大样本的覆盖范围，包括应用领域、开发语言等，还要对已度量的特征量进行深化和细化。

（2）选取更多软件宏观拓扑特征量作为参照。针对复杂网络研究的参数有许多个，可选取更多合适的特征量加以分析，研究其对软件质量属性的影响，从更多的角度揭示软件进化过程中蕴含的客观规律。

（3）将软件静态结构抽象为加权网络[1]。软件模块间不同类型的协作关系所具有的分量也是不同的[2]，采用加权网络研究软件网络得出的结果会更加贴近软件的真实情况。

（4）虽然软件的核数不高，但大规模软件软核结构中的结点数量很大，软核简化仍十分必要，可以考虑对软核结构中的结点赋予不同的权重值，并根据权重值进一步简化软核结构，从而为开发人员在软件设计早期对软件质量进行控制提供参考。

（5）本书中提出的度量方法体系主要是对软件的静态结构进行度量，并没有考虑系统的动力学行为，而且需要在更多的实际项目中检验其广泛有效性。需要开发集成响应的支持和辅助工具，用于指导实际的软件开发。

（6）软件的动态结构比静态结构更加复杂，且与软件运行时的性能表现息息相关，因此后续的研究重点在于探索软件缺陷的传播动力学和控制模型[3,4]、软件网络的相继故障及影响等[5]，为降低后期升级和维护的代价、延长软件生命周期提供保障。

（7）基于互联网和移动终端的软件应用飞速发展，从软件网络过渡到网络化软件；传统软件工程中忽略的、现代愈发重要的在软件生态系统中人的参与对软件进化的影响等也将成为未来的重点研究内容，这将有助于软件网络理论的完善、改进和可持续发展。

## 参 考 文 献

[1] ONNELA J P, SARÄMAKI J, HYVONEN J, et al. Structure and tie strengths in mobile communication networks[J]. Proceedings of the national academy of sciences, 2007, 104(18): 7332-7336.

[2] 汤浩锋, 张琨, 郁楠, 等. 有向加权复杂网络抗毁性测度研究[J]. 计算机工程, 2013, 39（1）: 23-28.

[3] 戴存礼, 吴威, 赵艳艳, 等. 权重分布对加权局域世界网络动力学同步的影响[J]. 物理学报, 2013, 62（10）: 1-6.

[4] 谢斐, 张昊, 陈超. 无标度网络中边权重对传播的影响[J]. 计算机应用研究, 2013, 30（1）: 238-240.

[5] CHU X W, ZHANG Z Z, GUAN J H, et al. Epidemic spreading with non-linear infectivity in weighted scale-free networks[J]. Physica A, 2011, 390(3): 471-481.

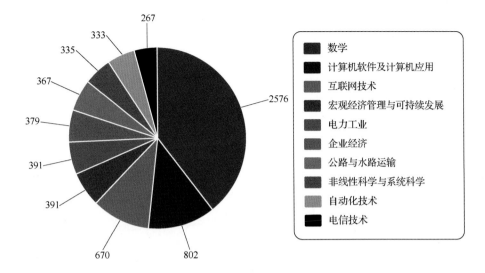

彩图 1    复杂网络研究所涵盖的学科

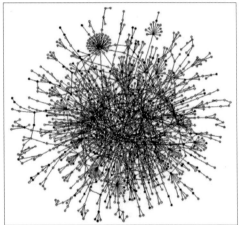

彩图 2    两种典型的复杂网络拓扑结构图

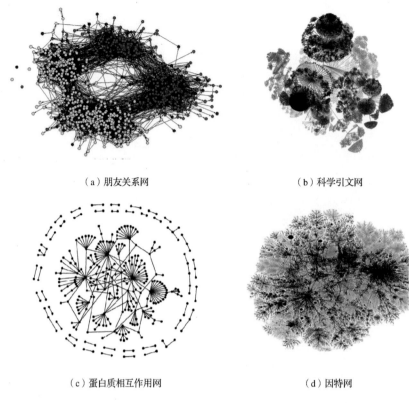

（a）朋友关系网　　　　　　　　　（b）科学引文网

（c）蛋白质相互作用网　　　　　　　（d）因特网

彩图 3　4 种典型的复杂网络

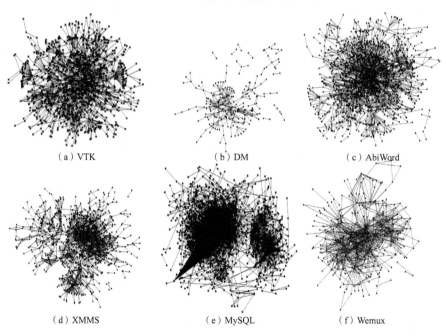

（a）VTK　　　　　　　（b）DM　　　　　　　（c）AbiWord

（d）XMMS　　　　　　（e）MySQL　　　　　　（f）Wemux

彩图 4　6 种软件系统的拓扑网络图

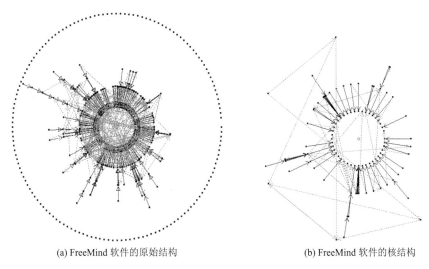

(a) FreeMind 软件的原始结构      (b) FreeMind 软件的核结构

彩图 5 FreeMind 软件的原始结构及其核结构

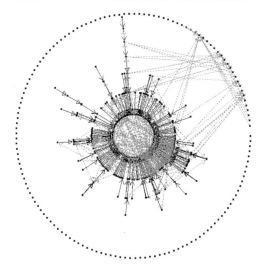

彩图 6 sim 软件结构的可视化结果

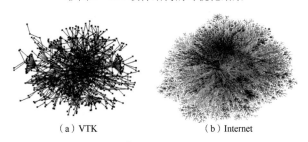

（a）VTK      （b）Internet

彩图 7 VTK 软件网络和 Internet 的网络拓扑对比

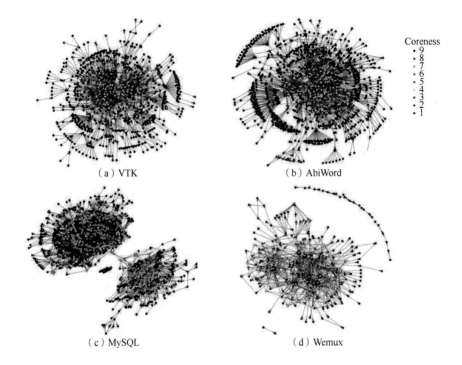

（a）VTK                 （b）AbiWord

（c）MySQL                （d）Wemux

彩图 8　4 种软件系统网络拓扑中的 $k$ 核

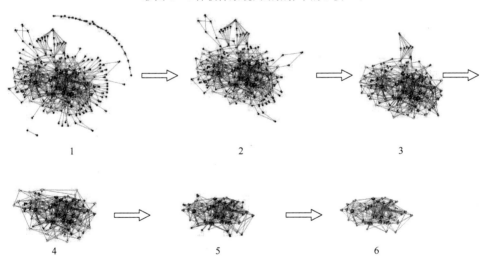

彩图 9　Wemux 系统核数从 1 到 6 的 $k$ 核分解过程

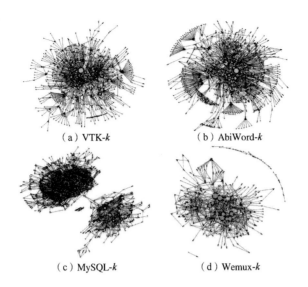

（a）VTK-*k*　　　　　　（b）AbiWord-*k*

（c）MySQL-*k*　　　　　　（d）Wemux-*k*

彩图 10　不同度值的结点在 4 种软件系统的核中的分布

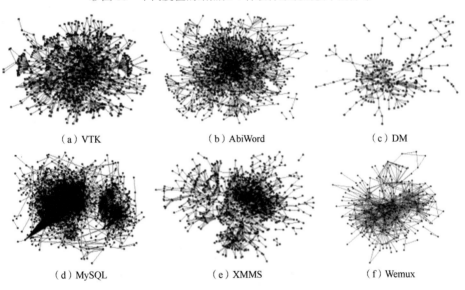

（a）VTK　　　　　　（b）AbiWord　　　　　　（c）DM

（d）MySQL　　　　　　（e）XMMS　　　　　　（f）Wemux

彩图 11　几种网络的拓扑结构图

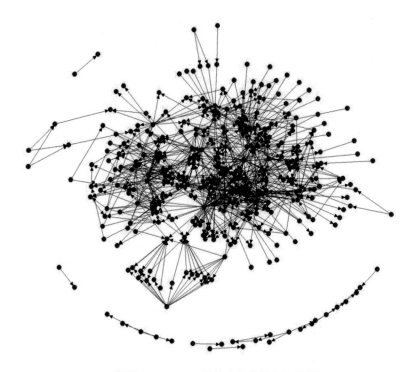

彩图 12　Wemux 的静态结构网络拓扑图

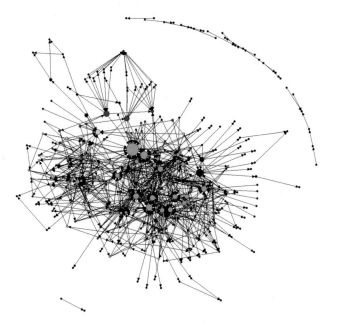

彩图 13　Wemux 中的类测度 $\alpha_i$ 分布